금지하지 않고
행동 수정하는
ABA 육아법

공동 집필자

이노우에 나호 井上菜穂　　돗토리대학 대학교육지원기구 학생지원센터 준교수

오쿠보 겐이치大久保賢一　　기오대학 교육학부 현대교육학과 준교수

오카무라 쇼지岡村章司　　효고교육대학 대학원 학교교육연구과 준교수

오다 마유미尾田まゆみ　　구마모토현 북부발달장애자지원센터 '윗후루' 상담원

노무라 가즈요野村和代　　국립병원기구 천룡병원 아동정신과 주임심리치료사

하라구치 에이지原口英之　　국립정신·신경의료연구센터 아동·사춘기정신보건연구부 연구원

마쓰오 리사松尾理沙　　오키나와대학 인문학부 아동문화학과 강사

Kateidemurinakutaioudekiru KomattakoudouQ&A

© Masahiko Inoue

First published in Japan 2015 by Gakken Plus., Ltd., Tokyo

Korean translation rights arranged

with Gakken Plus Co., Ltd. through Shinwon Agency Co.

행동분석전문가가 Q&A로 알려주는 문제행동 중재 방법

금지하지 않고 행동 수정하는 ABA 육아법

이노우에 마사히코 편저 | 홍이레 감수

민정윤 옮김 | 조성헌 그림

마음책방

먼저 알아야 할 사항

- ABA(Applied Behavior Analysis)는 학습과 행동에 대한 과학의 학문으로 모든 인간에게 적용할 수 있다. 특히 자폐와 같은 발달장애의 치료에 효과적이다.

- 이 책은 집에서 부모가 직접 하는 'ABA 치료 프로그램' 중 문제행동 편이다.

- 이에 일반 아이부터 자폐 등 발달장애 아이까지 모든 아이가 보이는 문제행동을 가정에서 부모가 직접 바람직한 행동으로 대체할 수 있도록 도와준다.

- 이 책에서는 '치료'와 '재활'이라는 용어를 혼용하였다. 의료 용어 '치료'가 포함된 '언어치료', '행동치료' 등의 단어가 현재 '언어재활', '행동재활'로 대체되고 있는 추세다. '병'이 아닌 '장애'를 대상으로 하기 때문이다. 그러나 '치료사', '치료실' 등의 단어도 일상에서 계속 사용되고 있다.

- '장애'의 상대어는 '비장애'다. 여기서는 '비장애'와 '일반 아이'를 혼용하였다.

- '문제행동(problem behavior)' 용어는 행동 자체보다 아동에게 초점을 맞추고 문제시하는 소위 '낙인효과'가 있어서 이를 다른 용어로 대체하려고 노력 중이다. 부적응행동(maladaptive behavior), 방해행동(interfering behavior) 외에 최근에는 도전적행동(challenging behavior)이라는 용어가 추천되고 있지만, 어감 전달에는 여전히 한계가 있다. 문제행동에 대한 완전한 대체어가 없는 현실에서, 이 책에서는 '문제행동'이라는 용어를 그대로 사용하였다.

아이의 행동이 변하기를 원한다면 먼저 부모의 행동부터

윤지은 국제행동분석가(BCBA), 청주대학교 교수, 언어재활사

ABA를 적용한 치료 현장이나 부모 교육에서 가장 많이 받는 질문이 "아이의 문제행동을 어떻게 해결해야 할까요?"다. 그런 점에서 집에서 부모가 아이의 문제행동을 바람직한 행동으로 바꾸는 방법을 소개한 이 책이 번역, 출간되어 참으로 반갑고 감사하다.

저자는 부모가 아이의 문제행동 대응에 필요한 최소한의 기초 지식부터 차근차근 설명하고 있다. 또한 가족 간의 합의, 중재할 문제행동을 명확하게 정하기 등 문제행동 중재에 앞서 준비할 것을 예시로 들어가며 자세히 알려주고 있다. 함께 제시되는 그림은 독자들의 이해 폭을 깊게 해줄 뿐만 아니라, 중간중간 게재된 칼럼은 각 주제에 대해 좀 더 깊이 있게 설명하고 있어서 문제행동 대응에 큰 도움을 주고 있다.

특히 PART IV(문제행동 중재하기 — Q&A 실전 전략 39)에서는 가정에서 자주 접할 수 있는 39가지 질문과 해법을 제시하는데, 실제 현장에서도 자주 들었던 상황과 내용들로 구성되어 있어서 아주 유익했다. 이외에도 각 질문을 단계별(1. ABC 분석으로 문제행동 객관화하기, 2. 바람직한 행동 정하기, 3. 사전 대응책 연구하기, 4. 문제행동에 대응하기)로 풀어서 어떻게 접근하고 해결할 것인가를 전략적으로 알려주고 있다. 아이마다, 상황마다 조금은 다른 대응이 필요하겠지만 이 전략들은 아이들에게 맞는 방법을 찾는 데 실질적인 도움이 될 것이다.

누군가의 행동을 바꾼다는 것은 참으로 어려운 일이다. 하지만 아이의 행동이 바람직하게 변하기를 원한다면 먼저 부모의 행동이 변화해야 한다는 것을 잊지 말자.

"매일의 삶에서 아이와 함께 발전하고자 노력하는 모든 부모님을 응원합니다."

행동을 통해 아이가 말하고자 하는 '이야기'에 집중한다

김수정 국제행동분석가(BCBA), 행동발달연구소 파란 소장

소위 '문제행동'이라고 부르는 행동을 아이의 의지나 불순응의 문제로 보지 않고 환경과의 연결고리에서 해결하려는 ABA의 관점이 새삼 섬세하고 탁월하다고 느껴진다. 이 책은 아이의 행동을 오로지 '문제'의 측면으로만 보지 않고 그와 관련된 의사소통의 기능, 부족한 사전 기술, 변화되어야 할 환경적 요건을 기술함으로써 아이가 행동을 통해 말하고자 하는 '이야기'에 집중하게 만든다. 많은 부모와 치료사가 이 책에서 자세하게 소개하는 전략들을 활용한다면 미처 몰랐던 아이의 욕구나 소망들과 대화하게 될 것이다.

문제행동의 원인과 해결 방법을 알기 쉽게 가르쳐준다

허은정 박사급 국제행동분석가(BCBA-D), 아이들세상 ABA연구소장

이 책은 '문제행동은 무엇인가'라는 질문에서 시작한다. "문제행동을 단순히 금지하기 전에 '왜 그런 행동을 하는가'를 먼저 파악하는 것이 아이를 이해하고 큰 탈 없이 문제행동을 올바르게 지도하는 길이다"라고 저자는 말한다. 겉으로는 아이들의 요구나 의사소통의 형태가 문제행동처럼 보일 수 있으나, 이것은 아이들 나름의 생존 전략일 수 있다. 이러한 문제행동을 바람직하게 바꾸어주는 것이 부모의 역할이지만 막상 하려면 어렵고 어디서 시작해야 할지 난감할 때가 많다. 그런 점에서 이 책은 부모가 문제행동의 원인을 알아내는 과정과 해결 방법을 알기 쉽게 가르쳐준다. 특히 Q&A 형식으로 알려주는 여러 대응법은 가정에서 아이들을 지도할 때 무척 유용할 뿐만 아니라, 더 나아가 가족 구성원 모두가 보다 행복한 삶을 이룰 수 있도록 이끌고 있다.

효과적으로 중재하는 방법을 체계적으로 제시한다

김명하 국제행동분석가(BCBA)

부모는 아이가 사회적 기술을 배워 규칙을 따르고 다른 사람들과 잘 어울리며 자립적으로 행복한 삶을 살아가길 원한다. 그런데 아이가 자신의 요구나 감정을 표현하는 데 어려움이 있어서 규칙이나 제한을 잘 따르지 않고 부적절한 행동을 지속한다면 어떻게 해야 할까? 만약 아이가 문제행동을 일으키는 원인과 환경적 요소를 알 수 있다면, 금지하거나 야단치지 않고 각 상황에 맞춘 긍정적인 행동 지원을 할 수 있을 것이다. 이 책은 가장 먼저 가정과 교육 현장 내에서 일어나는 문제행동을 관찰하고 원인을 파악하도록 하고 있으며, 그다음에 효과적으로 중재하는 방법을 체계적으로 제시하여 아이의 긍정적인 변화를 이끌도록 도와준다.

부모부터 아동발달 전문가까지 수시로 읽어야 할 필독서

홍준표 박사급 국제행동분석가(BCBA-D), 한국행동분석학회 고문

양육할 때 겪는 큰 어려움 중의 하나는 아이가 그릇된 행동을 할 때 무엇을 어떻게 해야 할지 감을 잡을 수 없을 때다. 아무리 교양 있게 타일러봤자 결국 "안 돼!", "하지 마!"라는 금지 명령이 고작이고, 화가 나면 "하지 말랬지!", "반항하는 거야?"라며 야단치고 협박하는 일이 다반사다. 그렇게 해서라도 문제가 해결된다면 얼마나 좋겠는가? 이 책은 ABA라는 학문과 심리학적 관점에서 문제행동의 원인을 파악하고 이에 근거하여 긍정적으로 해결하도록 이끌고 있다. 특히 저자는 자신이 개발한 '전략 시트'를 통해 아이의 문제가 왜 일어나는지를 먼저 생각하게 하고, 또 다양한 사례의 Q&A 형식으로 전략 시트를 효과적으로 활용하는 방법을 자세히 알려준다. 문제행동은 특정한 아이가 아닌, 모든 아이에게 일어난다. 그런 점에서 이 책은 자폐 등 발달장애 아이의 부모부터 일반 아이의 부모와 아동발달 전문가까지 항상 옆에 두고 수시로 읽어야 할 필독서다.

ABA에서 강조하는 것은 행동의 '형태'가 아니라 '기능'

한상민 국제행동분석가(BCBA), 《서두르지 않고 성장 발달에 맞추는 ABA 육아법》 저자

'행동은 말보다 목소리가 크다.'

이 문장이 원래는 '실천'의 중요성에 관한 얘기지만, 아마도 우리 아이들이 문제행동을 일으키는 원리를 정확히 표현하는 말일 것이다. 말의 기능이 자신의 욕구와 감정, 지식, 정보를 전달하고 표현하는 것이라면, 아이의 행동도 정확히 똑같은 기능을 한다. 말로 얻을 수 없는 것을 떼를 써서 얻을 수 있다면 떼쓰기는 훨씬 효율적인 언어인 셈이다. 감정은 말로 표현하기 어렵지만 요란한 문제행동은 타인의 시선을 끌 만한 충분한 표현 방법이다. 그래서 부모에게 중요한 것은 아이의 행동 자체가 아니라 그 이면에 숨어 있는 '메시지'를 찾아내는 일이다. ABA에서 강조하는 것이 행동의 '형태'가 아니라 '기능'이라고 하는 이유가 여기에 있다.

따라서 행동 자체보다는 메시지에 집중해야 한다. 아이가 그 행동으로 얻고자 하는 것이 무엇인가? 전달하고자 하는 감정은 무엇인가? 특히 아이의 인지나 언어 발달이 충분하지 않다면 부모가 이를 알아내기란 정말 어려운 일이다. ABA에 바탕을 둔 이 책이 강력한 힘을 발휘하는 순간이 바로 이때다.

ABA의 효과성이 널리 알려지면서 많은 사람이 전문가와 기관을 찾는 상황에서 ABA에 기초한 문제행동 중재 방법서의 출간은 매우 반가운 일이다. 사실 《서두르지 않고 아이 발달에 맞추는 ABA 육아법》을 쓰면서 아쉬웠던 부분이 문제행동이었는데, 이 책을 통해 충분히 보완되어서 한시름 덜어낸 느낌이다.

현대인의 소통방식으로 자리 잡은 '이모지(휴대전화에서 사용하는 그림문자)'의 인기 순위를 한 SNS 회사에서 발표한 적이 있다. 1위는 다름 아닌 '하트'였다. 세상에는 수백 수천 가지의 언어가 있지만, 결국 말의 목적은 '사랑'을 전하는 것이 아닐까 싶다. 문제행동에 어려움을 겪고 있는 분이라면 이 책을 통해 아이들과 사랑을 다시 주고받을 수 있었으면 좋겠다.

가정학습이 중시되는 시기에 자주 찾게 될 실전 육아서

양소희 가명, 만 2세 아이의 엄마

아이의 문제행동을 지켜보는 것만큼 힘들고 괴로운 일은 없다. 감정적으로 힘들어져서, 상황을 객관적으로 분석하여 해결하기가 거의 불가능하다. 상황이 닥치면 어떻게 대처해야 할지 그저 막막할 뿐이다. 그런데 부모가 직접 문제행동을 수정하는 방법을 알려주는 책을 보고 정말 반가웠다. 더구나 방법을 그림으로도 설명해주고 있어서 이해하기가 한결 쉬웠다. 목차를 보고 급할 때 찾아볼 수 있도록 구성된 것도 맘에 들었다. 가장 중요한 전략 시트 활용법도 구체적인 예시를 보여주면서 자세히 설명해주고 있다. 문제행동을 적극적으로 중재할 수 있도록 도와주는 실전 육아서인 이 책을 점점 가정학습이 중시되는 시기에 자주 찾게 될 것 같다.

문제행동 때문에 힘들어하는 부모에게 큰 도움을 준다

우가영 가명, 만 6세 아이의 엄마

발달장애가 있는 아이의 엄마로서 문제행동에 초점이 맞춰진 ABA 육아법 책을 보고 무척 반가웠다. 'ABA 육아'는 막막했던 아이 양육에 큰 도움을 주고 있다. 발달장애아는 일반 아이처럼 쉽게 양육할 수 없는 것이 많다 보니 어디서 어떻게 시작해야 할지 정말 막막할 때가 많다. 특히 아이가 점점 자라면서 예상치 않게 일으키는 문제행동은 더욱 그렇다. 하나의 행동이 소거된다 싶으면 새로운 행동이 나타나거나 이전에 사라진 줄 알았던 행동이 다시 나타나기도 했다. 아이가 문제행동을 보일 때마다 때로는 차분하게 설명하거나, 어떨 때는 몸으로 저지하고, 또 어떨 때는 욱하는 감정으로 소리를 지르거나 엉덩이를 때리기까지 했다.

　이 책에 그동안 겪고 있거나 앞으로 겪게 될 많은 문제행동이 기술되어 있는 걸 보고 놀랐다. 게다가 그 행동을 수정할 해결 방법을 제시해주고 있어서 정말 좋았다. 그것도 부모가 집에서 할 수 있는 방법으로 말이다. 그중 몇 가지는 바로 적용해서 아이의 행동을 수정하고 있다. 어떤 건 성공하고 어떤 건 실패하기도 하겠지만 그래도 어떻게 해야 할지 몰라서 그저 막무가내로 대처했던 지난날보다는 훨씬 효과적일 것 같다.

발달장애아를 키우면서 아이의 문제행동에 어떻게 대처해야 할지 몰라서 힘들어하는 많은 부모에게 이 책은 저처럼 정말 큰 도움이 될 것이다. 실질적으로 적용하여 도움을 받을 수 있는 책을 만나서 정말 기쁘다.

아이의 마음과 행동을 들여다보고 이해하도록 도와준다

옥희원 가명, 만 6세 아이의 엄마

이 책을 한마디로 말하면 "참 쉽다"다. 발달장애 아이를 키우면서 치료에 관한 책을 많이 읽고 부모교육도 자주 받으면서 배웠지만, 이 책처럼 머리에 쏙쏙 들어오지는 않았다. 나름 정리한, 이 책의 좋은 점은 크게 세 가지다. 첫째, 문제행동의 원인을 다방면으로 분석하고 상황에 따른 대응법과 행동 수정 방법을 단계별로 정리해서 귀여운 그림과 함께 일목요연하게 소개해놓았다. 둘째, 다양한 문제행동 사례에 대한 솔루션을 Q&A 방식을 통해 알기 쉽게 소개해서 마치 백과사전을 활용하듯 아이에게 맞는 상황을 찾아서 원인과 수정 방법을 적용해볼 수 있다. 마지막 셋째, 책에서 소개하는 많은 행동 수정 방법이 아이를 억제하거나 처벌하는 방식이 아니라 긍정적인 강화를 적용하고 있다. 항상 "하지 마", "안 돼"라는 말을 입에 달고 사는 나 자신이 부끄러울 정도였다. 무엇보다 이 책은 문제행동 수정을 위해 공부하고 활용하는 면도 유익하지만, 아이의 마음과 행동을 들여다보고 이해하도록 도와주는 점이 가장 좋다.

PART I

문제행동 이해하기
ABC 분석과 행동 기능

행동중재 준비하기
우선순위와 기록 방법

문제행동 분석하기

PART III

전략 시트 활용법

문제행동 중재하기

PART VI

Q&A 실전 전략 39

자해/가해

왜? ABA(응용행동분석)인가

ABA란 무엇인가? ABA(Applied Behavior Analysis)는 간단히 말해 학습과 행동에 대한 과학이다. 학습이 어떤 원리로 일어나는지, 그리고 인간의 어떤 행동이 어떤 이유로 일어나는지를 밝히고, 이 원리를 적용함으로써 유용하고 바람직한 행동은 늘리고 해롭거나 학습에 방해가 되는 행동은 감소시키려는 학문이다.

ABA는 모든 인간에게 적용할 수 있지만, 특히 자폐와 같은 발달장애의 치료에 탁월하게 효과적이다. ABA가 등장한 지는 반세기가 훌쩍 넘지만 1985년 프린스턴 아동발달 연구소의 논문과 1987년 UCLA 대학 아이바 로바스 박사(Dr. Ivar Lovaas)의 연구 결과가 발표되면서 큰 주목을 받기 시작했다. 당시 로바스 박사의 연구에서 ABA 중재를 받았던 19명의 자폐 아동 중 9명이 일반 아동과 비슷한 수준으로 개선되었음이 보고되었기 때문이다. 이후 수많은 연구에서 반복적으로 이를 검증하였는데 결과적으로 ABA가 명백히 효과적이라는 사실이 끊임없이 증명되었다.

자폐와 관련된 다양한 중재 방법 간 비교 연구에서도 ABA는 어떤 치료법보다도 효과적인 결과를 지속해서 얻어냈다. ABA는 현재 가장 과학적이고 객관적으로 검증된 중재 방법으로 자리 잡았다.

자폐에 대한 연구와 치료가 가장 앞서 있는 미국에서는 가장 적절한 치료법으로 ABA를 권고한다. 미국의 국립정신건강연구소(NIMH, National Insitute of Mental Health), 질병통제예방센터(CDC, Center for Disease Control), 심리학회 산하의 여러 분과학회, 소아청소년정신의학회 등 기관들은 모두 하나같이 ABA 이론에 근거한 치료를 추천하고 있다.

미국은 특히 2014년부터 자폐 조기치료에 보험 처리가 가능해짐에 따라 ABA 전문가와 기관의 수가 급격히 증가하고 있다. 또한 공립학교에서 발생하는 각종 문제행동을 다루는 효과적인 방법으로 ABA가 채택되면서 '긍정적 행동 지원(PBS, Positive Behavior Support)'이라는 교육적 틀을 형성하는 데 기여하였다.

ABA는 모든 과제를 작은 단위로 잘게 쪼개어 학습시키는 체계적이고 구조화된 방법이다. 자폐 등 발달장애 아동에게는 이러한 ABA가 가장 효과적인 학습 방법이다. 예를 들어 아이가 '냉장고에 가서 우유 가져와'라는 말을 알아듣지 못해서 수행이 불가능하다고 하자. ABA에서는 '냉장고', '우유', '가다', '가져오다'라는 개념을 각각 가르쳐 터득시키고 다시 이를 모아서 긴 문장으로 된 지시를 수행할 수 있도록 가르친다.

이렇게 ABA는 모든 과제를 아이 스스로 통제할 수 있을 정도로 잘게 나누어 학습시키고, 점차 도움의 손길을 줄이면서 아이가 혼자 힘으로 할 수 있게 유도한다. 이 방법을 인내심을 갖고 일관되게 하다 보면 결국 아이는 자발적으로 주변의 도움 없이도 학교나 일반 사회 환경에서 배움을 지속할 수 있다.

ABA는 언어부터 인지, 사회성뿐만 아니라 옷을 입거나 양치를 하는 일상생활에 이르기까지 모든 영역의 기술을 가르치는 포괄적인 프로그램이다. 자폐에 대한 ABA의 효과를 보다 직접적으로 나타내는 말은, 로바스 박사가 표현한 대로 "ABA란 아이가 스스로 배우는 법을 배울 수 있게 돕는다"일 것이다. 국내에서도 ABA에 대한 인식과 신뢰가 높아지고 있는 것도 이와 같은 학문적 원리와 방향 그리고 과학적인 근거를 바탕으로 한 치료의 효과성 때문이다.

※ 《서두르지 않고 성장 발달에 맞추는 ABA 육아법》 참고

필독! 꼭 알아야 할 용어

✔ **기능행동평가** (FBA, Functional Behavior Assessment)는 문제행동의 목적(기능)에 대한 정보를 얻기 위한 체계적인 평가 방법이다. 그리고 이 방법 중에 가정에서 쉽게 접근할 수 있는 것이 'ABC 분석'이다. 평가 결과는 문제행동을 감소시키고 바람직한 행동을 증가시키기 위한 중재 방법을 안내하는 데 사용된다.

✔ **ABC 분석** 은 생활 속에서 일어나는 **행동(B)**을 기록하는 직접적이고 지속적인 관찰의 한 형태로서, 분석하려는 문제행동 앞의 **선행사건(A)**과 행동 후의 **결과(C)**를 기록한다.

✔ **행동** (behavior)은 살아 있는 유기체의 활동으로, 특히 사람이 하는 모든 것을 포함한 행동을 말한다.

✔ **선행사건** (antecedent)은 행동 전에 일어난 일, 혹은 어떤 행동 이전에 존재하거나 발생하는 환경 조건 또는 자극 변화를 말한다.

✔ **결과** (consequence)는 행동의 결과, 혹은 어떤 행동에 뒤따라오는 자극의 변화다.

✔ **선행중재** (antecedent intervention)는 문제행동의 발생 빈도를 줄이거나 대체 행동을 증가시키기 위해 목표 행동이 일어나기 전의 환경(선행사건)을 바꾸는 것을 말한다.

✔ **촉구** (prompt)는 과제를 스스로 할 수 없을 때 옆에서 살짝 도와주어 성공하게 하는 것을 말한다.

✔ **대체행동 차별강화** (DRA, differential reinforcement of alternative behavior)는 감소시키고자
하는 목표 행동에 대해 행동의 결과에 차별을 두어서, 바람직한 대체 행동에는 강화를 제공
하고 문제행동에는 강화를 보류하는 소거 절차를 말한다.

(예시)

선행사건(A)	행동(B)	결과(C)
수업 시간에 질문이 생겼다	큰 소리로 질문한다	교사가 반응하지 않는다(강화 보류)
수업 시간에 질문이 생겼다	조용하게 손을 든다	교사가 반응한다(강화 제공)

✔ **강화** (reinforcement)는 어떤 행동에 뒤따른 결과 혹은 보상, 칭찬 등으로 그 행동
의 빈도가 높아지거나 정도가 강해지는 것이다. 이때 제공되는 활동이나 물건을 강화제
(reinforcer)라고 한다.

✔ **약화** (punishment)는 어떤 행동에 뒤따른 결과 혹은 벌로 그 행동의 빈도가 낮아지거나
정도가 약해지는 것이다. 이때 싫어하는 활동이나 물건을 혐오제(punisher)라고 한다.

✔ **소거** (extinction)는 이전부터 강화받고 있는 행동에 대해 강화를 중단하는 것을 말한다.

✔ **소거 폭발** (extinction burst)은 문제행동에 대응하고자 소거를 시도할 때 처음 단계에서
문제행동이 갑자기 더 빈번해지거나 강도가 세지는 것이다.

✔ **중재** (intervention)는 타인의 행동을 바꾸려는 의도로 실행하는 조작을 말한다.

흔히 '문제행동' 또는 '도전적행동'으로 표현하는 아이들의 행동을 개인적으로 '상황에 적절하지 않은 행동'으로 설명하고 있다. 특히 부모나 아이들에게 교육을 제공하는 관련 종사자들과 이야기를 나눌 때는 더욱 그렇다. 대부분의 '문제행동'이 아이 자신에게 문제가 되는 경우는 극히 드물고, 단지 그러한 행동들이 아이 주변에 있는 사람들에게 '골치 아픈 일'로 여겨져서 '문제' 혹은 '도전적'인 행동으로 정의되고 있어서다.

지난 십여 년간 한국, 미국, 그리고 일본에서 수많은 부모를 코칭하면서 공통으로 느낀 점이 있다. 대부분의 부모가 아이가 하루를 어떻게 보내는지 잘 모른다는 것이다. 발달장애가 있는 아이의 부모는 더욱 그렇다. 특히 자폐성 장애 아이는 표현이 서툴고 타인과의 상호작용에 많은 제한점을 가지고 있다. 그러다 보니 부모들은 아이가 어떤 감정으로 하루를 보냈는지는 간과한 채 외적으로 보이는 행동만을 수정하며 양육하고 있다. 아이는 아이라는 것을 잊은 것처럼 말이다.

'문제행동'도 마찬가지다. 아이가 어떤 이유와 감정으로 그러한 행동을 하는지 이해하기보다는 단순히 눈에 보이는 현상만을 가지고 그 행동을 해석하는 경우가 많다. 예를 들어 과제 하기가 싫어서 소리 지르는 경우도 있지만, 과제 시간에 배가 고팠거나 갑자기 기분이 좋지 않아서 그런 행동을 보였을 수도 있다. 이러한 경우 소리 지르는 행동은 과제 회피가 아니라 배고픔 또는 감정의 변화가 원인이다. 따라서 아이의 행동은 어른의 시각이 아닌 아이의 관점에서 해석하고 이해할 필요가 있다. 또한 아이의 행동을 수정하기 위해 중재 계획을 효과적으로 세우려면 행동이 일어나기 전의 환경과 행동이 일어난 뒤에 따라오는 결과에 대한 평가도 중요하지만, 그에 앞서서 아이의 하루가 어떻게 짜여 있는지, 그리고 그 하루를 되돌아봤을 때 아이에게 어떤 욕구가 충족되어야 하는지를 알아야 한다.

이런 관점에서 이노우에 마사히코 교수의 《금지하지 않고 행동 수정하는 ABA 육아법》은 가정에서 부모가 아이의 행동을 관찰하고 분석하는 방법과 행동 수정에 대한 접근 방법을 알기 쉽게 가르쳐준다. 또한 이러한 행동중재 방법을 실제 사례를 들어가며 Q&A 방식으로 제시하고 있어서, 비슷한 상황에서 바로 적용할 수 있도록 돕고 있다. 이 사례들은 단순히 자폐성 장애 아이뿐 아니라 일반 아이들이 흔히 보이는 행동까지 폭넓게 다루고 있어서, 문제행동으로 힘들어하는 모든 부모가 활용할 수 있다.

더불어 이 책에서 다루는 'ABC 분석' 전략 시트는 저자 이노우에 마사히코 교수가 많은 부모와 아이들을 만나 직접 실행하여 개발한 자료다. 이 전략 시트는 여러 다양한 상황에 놓여 있는 모든 아이에게 완벽하게 적용될 수는 없지만, 최소한 아이의 행동에 어떻게 접근해서 무엇을 해야 하는지는 분명하게 알려준다.

아이를 매일 돌봐야 하는 부모로서 다양한 범위의 문제행동은 가정에 큰 스트레스고, 나아가 가족 전체 삶의 질에도 부정적인 영향을 끼친다. 그런 의미에서 이 책이 제시하는 다양한 중재 방법은 아이들의 행동으로 어려움을 겪는 많은 부모에게 큰 도움을 줄 것이다. "문제행동은 정말 '문제'일까?"라는 질문으로 시작해 아이의 문제행동을 다양한 각도에서 평가하고 이해하도록 도와줌으로써, 고치는 것이 아니라 바람직한 행동으로 대체하도록 안내하는 충실한 길라잡이 역할을 하고 있다.

홍이레
박사급 국제행동분석가
ABA코칭센터 디렉터

이 책은 '응용행동분석(Applied Behavior Analysis: 이하 ABA)'이라는 심리학 이론을 기반으로 쓴《자폐 아동을 위한 ABA 기본 프로그램(自閉症の子どものためのABA基本プログラム)》시리즈 중 네 번째다. 여기서는 '기능행동평가'라는 접근법을 통해 다양한 문제행동에 대응하는 방법을 다루었다. 기능행동평가는 현시점에서 아이의 행동을 바꿔줄 수 있는 가장 효과적이고 과학적인 접근법이다.

부모는 아이의 문제행동을 매일 접하기 때문에 오히려 아이의 행동을 객관적으로 판단하고 분석하기 힘들다. 어떤 부모는 "우리 애들은 항상 싸워요"라고 말한다. 하지만 '항상 싸운다'라는 말은 정확한 표현이 아니다. 예를 들어 같이 있으면서 단 1분이라도 분명 사이좋게 논 시간이 있을 것이다. 즉 냉정하게 돌이켜보면 결코 '항상'은 아니다.

　또 아이의 행동 때문에 고민하는 대부분의 부모는 '문제'행동에만 주목하고, 바람직한 행동은 지나치는 경우가 많다. 이런 경우, 대부분의 부모 스스로가 부정적으로 평가하는 경향이 있다. 즉, 부모 자신의 기분이 안 좋고 답답하기 때문에 아이를 혼내는 등의 부정적인 대응을 자주 하게 되는 것이다. 그래서 아이의 문제행동이 증가하는 악순환에 빠지게 된다.

　이 악순환을 없애려면 가장 먼저 부모 스스로 "이 행동은 조금씩이라도 변화할 수 있다"라고 생각해야 한다. 물론 장기간 계속되어온 어떤 행동을 바꾼다는 것이 그리 쉽지는 않다. 또 가족들만 그 행동을 바꾸려고 하기에는 분명 한계가 있다. 하지만 '한계가 있다'의 의미가 곧 '집에서 할 수 있는 것이 아무것도 없다'라는 의미는 아니다.

이 책은 전문가 도움을 받을 수 없다는 전제하에, '집에서 부모가 아이의 문제행동을 바람직한 행동으로 쉽게 바꾸는 방법'을 소개하였다. 물론 문제행동을 바꾸는 과정이나 방법은 한두 가지로 정해져 있지 않고 여러 가지다. 하지만 그중에서도 아이의 행동을 단순히 금지하고 억제하는 방식은 다루지 않았다.

자, 이제부터 아이의 문제행동을 긍정적으로 변하게 하는 방법을 배워보자.

아이의 문제행동을 바꾸기 위해서는 부모가 먼저 최소한의 기초 지식을 알아야 한다. 따라서 PART Ⅰ과 PART Ⅱ에서는 부모가 기본적으로 알아야 할, 문제행동 접근 방법인 'ABC 분석'에 대해 설명하였다.

다음 PART Ⅲ에서는 아이의 문제행동을 분석할 때 도움이 되는 '전략 시트(Strategy sheet)'와 그 작성법을 설명하였다. 마지막 PART Ⅳ는 Q&A 형식으로 다양한 문제행동에 대한 실전 사례와 대응법을 소개하였다.

이 책에서 소개하는 방법이 우리 아이의 문제행동과 안 맞는다고 느낄 수도 있다. 하지만 앞서 이야기했듯이 해결 과정과 방법이 한 가지만 있는 것은 아니다. 다만 여기서 소개하는 사례와 대응법을 토대로 아이 개개인에게 맞는 해결의 실마리를 찾을 수는 있다. 더불어 아이의 문제행동으로 고민만 하는 악순환에서 벗어나, 미래 지향적으로 아이의 '지금부터'를 찾을 수 있기를 간절히 바랄 뿐이다.

이노우에 마사히코

어떤 행동을 '문제행동'이라고 단정짓기 전에
그 행동이 '누구에게', '어디서', '언제', '어떤 방식으로'
문제가 되는지를 생각해야 한다

PART **I**

문제행동
이해하기

~~~

ABC 분석과 행동 기능

PART I 문제행동 이해하기

문제행동은 반드시 바뀐다

'문제행동'에는 이유가 있다

아이들의 문제행동은 대부분 선천적인 성향과 성장기의 주위 환경을 통해 학습된다. 예를 들어 자폐 아동은 일반 아동과 다르게 특정 자극이나 감각에 대해 굉장히 민감하게 반응하거나 반대로 굉장히 둔감하다. 일반 사람에게는 쾌적한 느낌의 기온이나 밝기, 냄새 등이 자폐 아동에게는 큰 고통을 주는 자극이 되기도 한다. 가구나 장난감의 위치가 달라지거나 활동 순서가 바뀌면 큰 고통을 느끼는 아이도 있다.

주변 사람과 문제없이 의사소통하는 일반 아이는 이러한 고통이나 거부감 등을 상대방에게 적절하게 표현해서 도움을 요청한다. 하지만 말이 잘 안 나오거나 대인관계가 어려운 자폐 아이는 어떨까?

울고, 소리 지르고, 난폭하게 굴거나 그 장소로부터 도망치는 방법으로 그 고통을 표현할 수밖에 없다. 이런 행동은 주변 사람들이 보기엔 '문제행동'이지만, 자폐 아이에게는 유일한 표현 수단이다.

즉, 문제행동은 주로 '타인의 관심 끌기', '불쾌한 자극이나 활동으로부터의 회피', '마음에 드는 물건이나 활동 얻기' 등을 위한 의사소통 수단으로 학습되어온 것이다.

따라서 단순히 "안 돼!"라고 문제행동을 금지하거나 억제한다면 같은 문제만 반복될 뿐이다.

문제행동을 개선하기 위해서는 환경을 바꾸거나 적절한 중재 방법을 생각해야 한다. 적절한 중재 방법의 기본 방침은 아이가 문제행동을 일으키는 진짜 의미나 기능을 파악한 후 문제를 일으키는 주변 환경을 바꾸고, 문제행동을 바람직한 행동으로 대체하도록 하면서 그 바람직한 행동을 늘려가도록 하는 것이다.

ABA 기법에는 행동을 줄이거나 소거하는 방법이 여러 가지 있다. 여기서는 집에서 부모가 시행할 때 최대한 수월하게 환경을 바꾸고 문제행동을 바람직한 행동으로 바꿔주는 방법을 소개하였다. 유치원과 학교에서도 같은 방법으로 대응할 수 있다. 사실 환경을 바꾸는 것만으로도 문제행동을 줄이고 바람직한 행동을 증가시킬 수 있다. 이는 문제행동이 생활 속에서 학습되어온 행동이기 때문이다. 따라서 문제행동 개선 목표는 문제행동을 바람직한 행동으로 대체하는 것이다.

문제행동을 집에서만 대응하는 데에는 한계가 있다. 여기서 소개하는 기본적인 대응법을 시행해도 아이의 문제행동에 변화가 없거나, 어떻게 대응해야 할지 모를 때도 있을 것이다. 또 참기 힘든 폭력을 쓸 때는 가족 구성원만으로는 대응하기 어렵고 "이러다가 학대로 이어질 것 같아 ……"와 같은 불안이 생길 수도 있다.

그럴 때는 집에서 무리하게 하지 말고, 용기를 내어 전문 기관을 찾아간다. 보호자 혼자 또는 가족이 문제를 떠안는 것은 결코 아이와 가족을 위하는 길이 아니다.

자폐 아동은 일반 아동과 다르게 특정 자극이나 감각에 굉장히
민감하게 반응하거나 반대로 굉장히 둔감하다

그 행동은 진짜 '문제'인가?

일상적인 육아나 양육을 하다 보면 아이의 행동에 대해 '무엇이 문제이고 아닌지', '어디까지 두고 봐야 하는지', '어디까지 가르쳐야 하는지', '원래 고집이 센 건지, 장애가 있어서 그런 건지, 그것도 아니면 개성이 강한 건지' 등과 같은 고민을 하기 마련이다.

ABA 기법은 굉장히 강력해서 신경 쓰이는 문제행동을 모조리 바꿀 수 있다. 이 기법은 양육에 큰 도움이 되지만, 잘못 사용하면 아이에게 '자유를 제한하는 귀찮은 것'이 될 수 있다.

왜냐하면 부모에게 신경 쓰이는 문제행동 중에 아이의 학습이나 발달에 유익한 행동도 있기 때문이다. 다시 말하면 아이는 시행착오를 겪으면서 학습하는데 이를 문제행동으로 여기고 저지하면 안 된다. 따라서 아이의 행동 중 어떤 행동을 '문제'로 할지에 대해 잘 생각해서 진행해야 한다.

어떤 행동을 '문제행동'이라고 단정짓기 전에 그 행동이 '누구에게', '어디서', '언제', '어떤

어떤 행동을 '문제행동'이라고 단정짓기 전에 그 행동이 '누구에게',
'어디서', '언제', '어떤 방식으로' 문제가 되는지를 생각한다

방식으로' 문제가 되는지를 생각해야 한다. 이 일은 엄청 중요하다. 다음 사례들을 통해 이해해보자.

오래전에 상담한 사례다. 매일 새벽, TV에서 정규 방송 시작 전에 전파 보정을 위한 화면조정 영상을 내보냈다. 이 영상을 반드시 봐야 안심을 하는 아이가 있었다. 이는 분명 독특한 행동이다. 하지만 그 행동 때문에 이른 새벽부터 가족 중 누군가와 다툼이 일어날 일은 거의 없다. 즉 그 행동은 누군가에게 피해 주는 행동이 아니다.

또 다른 사례는, 매일 아침 'TV 노래'를 틀어주지 않으면 그날 유치원에 갈 준비를 못 하는 아이였다. 다른 프로그램을 틀어주면 짜증을 냈다. 이 행동도 누군가에게 피해를 주지 않는다. 이 행동은 자폐 아동에게 흔히 보이는 '고집'이나 '집착'일 수 있지만, 아이의 인생에서 심각한 문제는 아니다. 오히려 "신나는 노래를 들으면서 옷을 입거나 아침 준비를 한다"라고 긍정적으로 생각할 수 있다.

그런데 TV 노래에 집착하는 아이가 "곡과 곡 사이에 가족 중 누군가가 조금이라도 음을 끼워 넣으면 짜증을 낸다"라고 한다면, 상황은 조금 달라진다. 노래에 대한 아이의 집착이 '상대방의 행동을 제한'하기 때문이다. 그 행동은 단순히 '독특한 행동'이 아니라 주변 사람들에게 '문제행동'이 될 수 있다.

TV 노래 들으며 유치원 갈 준비를 하다

형이 TV 노래를 따라 하다

방해를 받자 짜증을 내다

형의 행동을 제한하다

행동이 문제가 될 때와 안 될 때

장소에 따라 다르다

다음 사례는 '혼자 말하는 아이'다. 부모는 이 행동을 멈추게 하고 싶었다. 혼잣말하는 장소가 자신의 방이나 집이면 문제가 되지 않는다. 하지만 경청해야 하는 학교 조례 시간이나 조용해야 할 시험 시간에 한다면 문제가 된다. 이렇듯 특정한 행동이 장소나 상황에 따라 문제가 되기도 하고, 되지 않기도 한다. 금연 장소에서 담배를 피우면 문제가 되지만, 흡연 장소에서는 문제가 되지 않는 것과 같다.

이런 사례도 있었다. 놀이 패턴도 많지 않고, 감각놀이에 몰두하며 또래 아동과 좀처럼 관계를 맺지 못하는 아이였다. 이 아이는 블록을 옆으로 나열하는 것만 좋아해서 유치원에서는 그 행동을 '문제행동'이라고 인식했다. '블록 나열하기'를 시작하면 친구들이 말을 걸어도 무시하고 교사의 지시도 듣지 못하기 때문이었다. 그로 인해 자신의 학습이나 사회활동에 참가하지 못한다면, 그 고집스러운 행동은 '문제행동'이 된다.

하지만 집에서는 블록 나열하기 행동은 특별한 문제가 되지 않는다. 오히려 '놀이'로 여겨진다. 아이가 블록 나열하기를 할 때 엄마는 식사 준비나 청소를 할 수 있기 때문이다. 즉, 같은 행동이 장소에 따라 '문제행동'이 되기도 하고, 되지 않기도 한다. 이럴 때는 교사와 부모가 아이의 문제의식을 공유하기 어렵다. 또 같은 행동이 아이의 연령에 따라 문제가 되기도 하고, 되지 않기도 한다.

예를 들어 남자아이가 엄마나 여자 교사를 '포옹하는' 행동을 한다고 하자. 이 행동을 초등학교 고학년 아이가 하면 대부분 문제행동으로 본다. 그런데 자폐 아동이 하면 애착행동의 표현이라고 간주하여 오히려 기쁘게 받아들여지기도 한다. 또 포옹하는 것이 관습인 나라에서는 전혀 문제행동이 아니다. 하지만 중·고등학생 등 청소년기 남자아이가 여자 교사를 포옹하려고 하면 '문제행동'이 된다. 게다가 포옹하려는 대상이 또래 친구나 낯선 여성이라면 더욱 큰 문제가 된다.

이 행동에 관해 어떤 분은 "나중에 어른이 되어 아무하고 포옹하려 하면 문제가 되니, 애초에 포옹하는 행동을 못 하게 해야 해"라고 극단적인 의견을 내기도 한다. 대인관계의 규칙에 대해 학습할 기회가 없다면 그래야겠지만, 연령에 맞는 규칙을 지도한다면 이렇게 극단적으로 대응하지 않아도 된다. 아기가 걷고 달리다 보면 위험한 일을 겪을 수 있다. 말하기 시작하면 귀가 아플 정도로 소리를 지르거나 멈추지 않고 계속 말할 수도 있다. 그렇다고 '걷지 않는 것이 좋다', '말하지 않는 것이 좋다'라고 생각하는 사람은 없다. 포옹하는 행동도 이와 같다. 어떤 한 가지 행동을 획득하면 다음 단계에서는 그 행동을 해도 되는 장소, 해서는 안 되는 장소를 구별하도록 가르치고, 사회적인 예절을 가르치면 된다.

이처럼 어떤 행동이 단순히 '사람들과 다른 독특한 행동이나 습관'이 아니고, '타인이나 자신에게 위해나 손해를 끼칠 때', '타인이나 자신의 행동을 제한해버릴 때', '학습이나 사회 활동의 참가를 방해할 때'는 문제행동이 된다. 따라서 어떤 행동이 '문제행동'인지 아닌지는 아이의 연령, 행동하는 장소 혹은 대상 등 각각의 상황에 맞게 검토하고 판단해야 한다.

어떤 행동이 '문제행동'인지 아닌지는 아이의 연령, 행동하는
장소 혹은 대상 등 각각의 상황에 맞게 검토하고 판단한다

문제행동 학습 과정(ABC 분석)

'바닥에 머리 박기'를 학습한 사례

다음은 문제행동을 '학습하는 과정(ABC 분석)'에 관한 설명이다. 아래와 같은 상황을 떠올려 보자. 이 사례에서 아이는 '바닥에 머리 박기' 행동으로 인해 "TV 틀어줘"라는 요구가 최종적으로 충족되었다. 즉, 주위 사람에게 요구하는 강력한 수단으로 바닥에 머리 박는 것을 학습한 셈이다. 자폐 아동의 경우 각자 특유의 고집이 있어서, 그것을 갑자기 금지당하면 큰 혼란을 겪는다. 그렇다면 아이의 고집스러운 행동을 금지하려고 할 때 나타나는 문제행동에 대해 어떻게 대응해야 할까?

이 문제행동에 대응하려면 먼저 기능행동평가를 해야 한다. 여기에는 여러 가지가 있는데, 그중에 가정에서 쉽게 접근할 수 있는 것이 'ABC 분석'이다. ABC 분석이란 어떤 행동을 A. 선행사건(Antecedent, 행동 전에 일어난 일), B. 행동(Behavior), C. 결과(Consequence, 행동

사례

훈이는 항상 TV가 켜져 있어야 직성이 풀린다. 외출하고 돌아와 언제나처럼 훈이가 TV를 켜려고 할 때 엄마가 "오늘은 중요한 손님이 오셔서 안 돼"라며 TV 켜는 행동을 금지했다. 훈이는 큰 소리를 내면서 울부짖고 짜증을 내기 시작했다. 엄마는 처음에 무시했지만, 훈이는 울음소리와 짜증이 점점 심해지더니 바닥에 머리를 박기 시작했다. 엄마는 더는 지켜만 볼 수 없었다. 주위에서 "저렇게까지 애를 울리다니"라는 말을 들을 것 같고, 무엇보다도 아이 머리에 상처가 생길까 걱정되었다. 엄마는 자신도 모르게 아이에게 달려가 요구대로 TV를 켰다. 그랬더니 훈이는 바닥에 머리 박는 행동을 멈췄다. 그리고 그 뒤로 훈이는 자신의 요구가 안 받아들여지면 그때마다 바닥에 머리 박는 행동을 하였다.

의 결과) 등 3가지 요소로 나눠서 생각한 후, 그 행동의 목적(기능)을 분석하는 방법이다. 앞의 대문자를 합쳐 'ABC 분석'이라고도 한다.

　사례에서는 'TV에 대한 고집'과 'TV를 틀어달라는 요구가 받아들여지지 않았을 때 자해 행동'이라는 문제행동이 있었다. 먼저 바닥에 머리 박는 자해 행동을 ABC로 분석해보자. '바닥에 머리 박는 것'은 'B: 행동'이다. 그러면 그 행동은 어떤 상황에서 생기고(A: 선행사건), 어떤 결과(C: 결과)가 생겼는지 아래 그림을 보며 생각해보자. ABC로 나누어 생각하면, '바닥에 머리 박는 행동'이 아이에게는 'TV를 틀어준다'라는 요구가 받아들여질 수 있는 수단이 되었다.

　이렇게 ABC 분석을 통해 문제행동이 일어나기 쉬운 상황이나 행동해서 얻어지는 결과를 이해할 수 있다. ABC 분석은 문제행동에 대한 대응을 생각할 수 있는 중요한 실마리가 된다.

ABC 분석

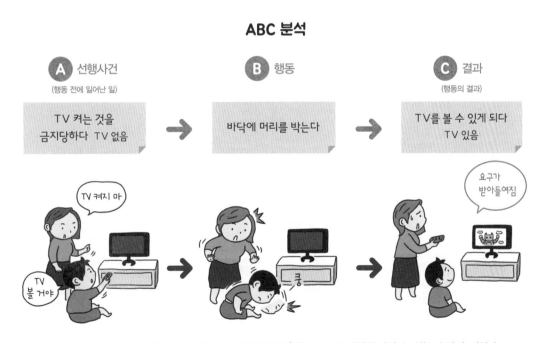

'바닥에 머리 박는 행동'이 아이에게는 'TV를 틀어준다'라는 요구가 받아들여질 수 있는 수단이 되었다

행동을 바꾸는 ABA 기본 원칙

행동을 증가시키는 것 '강화'

앞에서 '바닥에 머리 박기' 행동은 'TV를 틀어준다'라는 결과를 얻게 됨으로써 횟수가 늘어나고 정도가 심해졌다. 이렇게 행동 다음에 오는 결과 때문에 그 행동이 강해지는 것을 '강화(reinforcement)'라고 하고, 그 활동을 부추기는 물건이나 활동을 '강화제(reinforcer)'라고 한다.

  일상적으로 하는 행동들은 행동 다음에 얻어지는 '결과'에 따라 다음에 그 행동이 더욱 쉽게 일어나느냐 그러지 않느냐가 결정된다. 이를 '강화의 원리'라고 한다. 반대로 행동을 강화하는 강화제가 없어지면 그 행동은 서서히 줄어든다. 이렇게 행동이 줄어들거나 약해지는 것을 '약화 = 벌(punishment)'이라고 하고, 강화하지 않는 것을 '소거(extinction)'라고 한다.

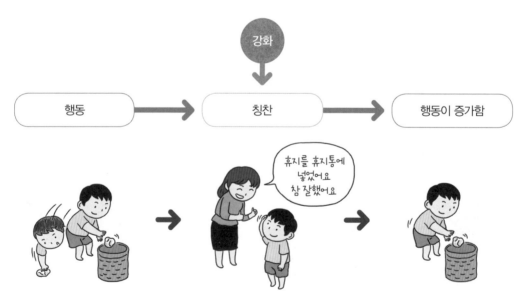

어떤 행동에 보상(칭찬)을 하여 행동을 늘리는 것을 '강화'라고 한다

소거는 행동의 원리에 따라 문제행동을 줄이는 확실한 방법이다. 하지만 문제행동에 대응하고자 소거를 시도하면 처음 단계에서는 문제행동이 갑자기 더 빈번해지거나 강도가 세지기도 한다. 이것을 '소거 폭발(extinction burst)'이라고 한다.

앞의 사례로 설명하자면, 훈이는 큰 소리로 울어도 'TV를 틀어주지 않는다'라는 것이 소거 과정이 된다. 큰 소리로 울어도 '틀어주기'라는 강화제를 얻지 않았기에 원칙으로는 문제행동이 줄어들고 약해져야 마땅하다.

그런데 이 소거 과정은 훈이에게 '지금까지는 큰 소리로 울면 요구를 들어줬는데, 들어주질 않는다'라는 상황이 된 것이다. 훈이는 어떻게 해서든 TV를 보기 위해 지금까지 했던 '큰 소리로 울기' 행동을 더 세게 할 뿐 아니라 '바닥에 머리 박는' 행동으로까지 발전시켰다. 이 행동이 바로 소거 폭발이다.

소거 폭발로 문제행동이 급속히 심해지면 부모는 "이렇게 세게 박아서 상처라도 나면 어떻게 하지……"라는 걱정에 TV를 틀어주게 된다. 결과적으로 훈이는 '더 세게 머리 박으면 TV를 볼 수 있어'를 학습하게 된 셈이다. 다음부터는 아예 처음부터 바닥에 머리를 세게 박을 것이다. 왜냐하면 강도 높은 소거 폭발 상황에서 TV를 틀어줬기 때문이다.

행동을 줄이는 방법 '소거'

하지만 소거 폭발로 강화를 했지만, 이를 계속하지 않고 소거 과정을 지속하면 결국에는 침착해진다. 단, 소거 폭발할 때 강화한 기간이 길면 문제행동이 없어지기까지 꽤 오랜 시간이 걸린다. 소거 과정을 하다 보면 자해 행동이나 주변 시선이나 억압, 힘으로 아이를 제어할 수 없을 때가 종종 발생한다. 사실 아이의 행동이 격해지면 소거 행동을 계속 실행하기가 쉽지 않다.

　앞의 훈이 사례처럼 소거 폭발이 일어날 가능성을 고려하면 격렬한 자해 행동이나 파괴적인 행동, 타인을 때리는 행동 등은 '소거' 과정만으로는 대응하기 어렵다. 이것을 해결하는 첫 번째 방법이 문제행동이 일어나지 않게 미리 주위 환경이나 상황을 바꾸는 것인데, 이를 '선행중재'라고 한다. 훈이가 TV 켜는 것을 금지당하지 않았다면 문제행동이나 소거 폭발은 하지 않을 것이다. 물론 아이의 요구를 항상 들어주는 것은 불가능하다. 따라서 문제행동이 나타나지 않게 미리 상황을 마련해야 한다. 즉, 아이의 '고집적인 행동'을 먼저 이해하고 접근하는 것이다.

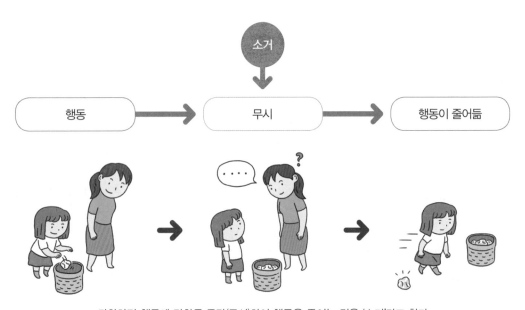

강화하던 행동에 강화를 중단(무시)하여 행동을 줄이는 것을 '소거'라고 한다

행동을 감소시키는 것 '약화'

선행중재는 크게 두 가지로 분류한다. 첫 번째, 문제행동이 나타나지 않게 하는 중재다. 두 번째, 대체할 수 있는 바람직한 행동을 나타나게 하는 중재다. 두 가지의 중재를 엄밀히 구분 짓기는 사실 쉽지 않다. 첫 번째 중재로는 '아이가 추구하는 자극을 없애거나 멀리 두기', '눈에 보이지 않게 하기' 등이 있다. TV를 보고 싶어 하는 아이라면 'TV 자체를 다른 방으로 옮기기', '아이를 TV 없는 공간에서 지내게 하기' 등이 있다.

두 번째 중재는 다양하게 생각해볼 수 있다. 자세한 것은 PART IV에서 설명하겠지만, 아이가 TV 보는 것만큼 좋아하는 다른 여가 활동을 할 수 있도록 하는 것이다. 예를 들면 '좋아하는 퍼즐·블록 놀이, 그림책, 물놀이' 등을 준비하거나, 또는 '바깥 놀이하기', '간식 사러 나가기', '외출해서 드라이브하기', '산책하기' 등을 생각할 수 있다. 이렇게 TV와 양립하지 않는 여가 활동도 좋고, 일정 시간만 TV를 볼 수 있도록 약속을 정해도 좋다. 아이의 흥미나 관심사에 맞춰 쉬운 것부터 선택해 실행하도록 한다. (약화는 전문가가 필요한 부분이므로 이 책에서는 다루지 않았다)

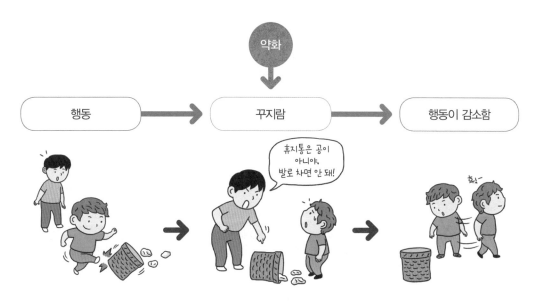

어떤 행동에 벌을 주어서 행동을 하지 않게 하는 것을 '약화'라고 한다

문제행동을 바꿀 근본 해결책

바람직한 행동 알려주고, 강화하기

앞에서 설명한 선행중재의 분류 중 두 번째 방법이 '대체할 수 있는 바람직한 행동을 나타나게 하는 중재'다. 여기서 대체할 바람직한 행동은 크게 '의사소통 행동', '여가 활동', '지시 따르기 행동' 등 3가지 방법으로 나눈다. 예를 들어 문제행동을 '의사소통 행동' 방법으로 바꾸려면 언어나 제스처 등을 사용하도록 한다. 즉, '바닥에 머리 박기 행동'이 아니라 'TV를 틀어주세요'라는 적절한 말로 전달하도록 알려주는 것이다.

이같이 문제행동 대신 할 수 있는 적절하고 바람직한 행동을 알려주고 그 행동을 강화하는 것을 대체행동 차별강화(DRA, Differential Reinforcement of Alternative Behavior)라고 한다. 이것은 ABC 분석으로 표시하면 아래 표와 같다.

대체행동 차별강화

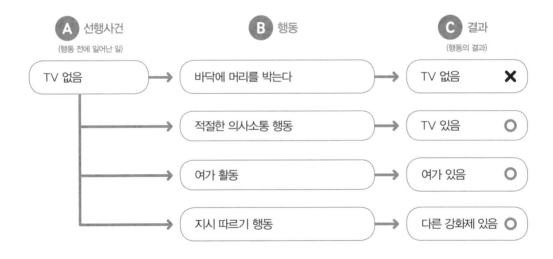

1 의사소통 행동

'의사소통 행동'을 정할 때는 아동의 특성에 맞춰야 한다. 말을 할 수 있는 아이면 "TV 켜주세요"라고 말하게 하고, 말을 못 하는 아이는 '손가락으로 가리키기(pointing)', '제스처', '발성'을 사용한다. 또한 적절한 의사소통 행동에 따라서 요구가 받아들여져도 그 요구가 끝날 때(TV 보다가 껐을 때) 떼를 쓸 수도 있다. 그럴 때는 보상이 되는 활동에 제한을 준다. TV 시청이라면 타이머를 사용해 정해놓은 시간이 되면 TV를 끈다. 이때 문제행동이 생기는 상황을 이용해서 의사소통을 가르칠 수도 있다.

2 여가 활동

문제행동을 적절한 '여가 활동'으로 바꿔주는 경우는 앞에서 설명한 것처럼 아이가 좋아하는 놀이로 바꿔주는 것이다.

3 지시 따르기 행동

'지시 따르기 행동'은 일정 시간 동안 TV 안 보고 참게 하는 것이다. 아무것도 하지 않으면서 기다리는 것이 아니라 일과표를 활용해 아이가 할 수 있는 다른 활동을 하도록 촉구한다. 처음에는 짧은 시간으로 시작한다. 목표 시간을 시각적으로 알기 쉽도록 타이머나 모래시계를 사용하는 것도 좋다. 잘 참은 뒤에는 반드시 칭찬하고 강화제를 제공한다.

문제행동을 일으키는 이유

행동의 기능 이해하기

지금까지 ABC 분석에 대해 알아보았다. 다음은 행농의 '기능'이라는 측변에 주목하여 문제행동을 일으키는 이유와 대응법을 소개하고자 한다. 행동의 기능에는 크게 다음 2가지가 있다. 첫째는 의사소통 기능이고 둘째는 자동강화 기능이다.

의사소통 기능은 다시 요구 기능, 관심받기 기능, 회피 기능 등 3가지로 나뉜다. 요구 기능은 앞에서 설명했으므로 여기서는 나머지 관심받기 기능과 회피 기능, 2가지 기능에 관해 설명하였다.

다음은 엄마가 주의를 주는 행동이 아들의 행동을 더욱 강화한 사례다. 이 사례는 아들의 행동 뒤에 나온 엄마의 '주의를 주는 행동'이 아들의 행동을 부추기는 강화제 역할을 한 셈이다. '여동생을 밀치다'라는 B. 행동의 전후를 생각하면 아들의 행동은 엄마의 '관심'

행동의 기능 2가지

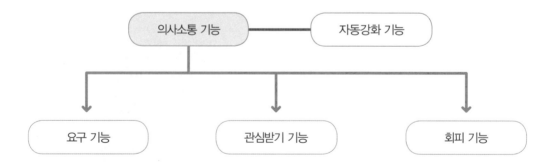

을 구하는 행동이다. 이때 B. 행동은 '관심받기 기능'을 가진다. 이 사례를 ABC 분석으로 하면 아래와 같다.

사례

자폐가 있는 훈이는 엄마가 식사 준비를 시작하면 3세 여동생을 밀치는 등 폭력을 가한다. 엄마는 딸의 울음소리가 들리면 바로 달려가 아들에게 주의를 준다. 하지만 훈이는 주의를 받아도 동요하지 않을뿐더러 오히려 기뻐하는 것처럼 보일 때도 있다. 최근에는 이런 행동이 더 심해지고 있다.

| 관심받기 기능 |

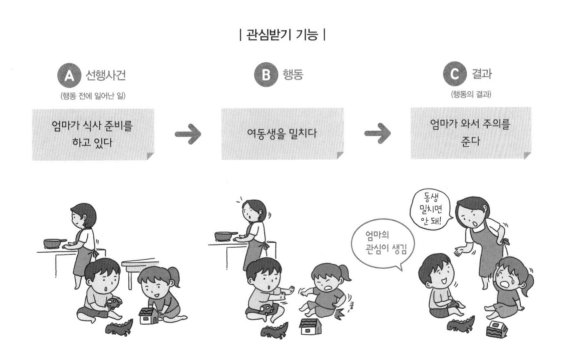

A 선행사건
(행동 전에 일어난 일)

엄마가 식사 준비를 하고 있다

B 행동

여동생을 밀치다

C 결과
(행동의 결과)

엄마가 와서 주의를 준다

아들의 행동 뒤에 나온 엄마의 '주의시킨 행동'이 아들의 행동을 부추기는 강화제가 되었다

I PART 문제행동 이해하기 / 행동의 기능 ❶ 의사소통일 때

문제행동은 같아도 기능은 다르다

또 다른 사례는 같은 행동이지만 기능이 다르다. 예를 들어 '여동생에게 간섭을 받을 때'마다 '여동생을 밀치는' 사례다.

이 사례는 게임 중에 여동생이 간섭하면 여동생을 밀침으로써 오빠는 간섭이라는 싫은 자극이나 상황(혐오 자극)을 회피할 수 있다. 이때 '여동생을 밀치다'라는 B 행동은 '회피 기능'을 가진다.

| 회피 기능 |

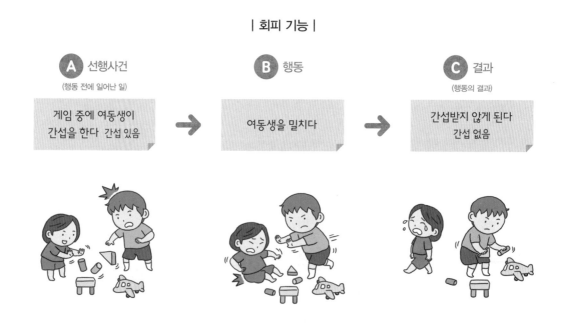

게임 중에 여동생이 간섭하면 여동생을 밀침으로써 오빠는
간섭이라는 싫은 자극이나 상황(혐오 자극)을 회피할 수 있다

이렇게 같은 행동도 ABC 분석을 해보면 다른 기능을 가진 경우가 있다는 것을 알 수 있다.

ABC 분석을 하는 최대의 장점은 이렇게 눈에 보이지 않는 행동의 기능을 한눈에 알 수 있게 보여준다는 데 있다. 앞에서 예로 든 '여동생을 밀치다'라는 행동의 사례는 각각 '관심받기 기능', '회피 기능'이라는 2가지 의사소통 기능을 가지고 있었다.

이같이 문제행동이 어떤 의사소통의 기능을 가지는지를 알면 대응책을 찾는 데 큰 힌트를 얻을 수 있다. 구체적으로는 '같은 기능을 가진 적절한 의사소통 행동으로 가르친다'가 가능해진다.

예를 들어 '관심받기 기능'의 경우 "엄마", "봐봐"라고 말 걸기, "엄마", "봐봐" 등을 나타내는 그림(또는 사진이나 글자)카드, 제스처 등을 문제행동 대신 가르칠 수 있다. 또 '회피 기능'을 가진 경우는 "하지 마!"라는 말이나 그림카드, 제스처 등으로 가르칠 수 있다.

의사소통의 기능에는 여기서 다루는 '관심받기 기능', '회피 기능' 외에도 앞서 살펴본 훈이의 TV 사례에서 다룬 물건이나 활동의 '요구 기능' 등이 있다.

사례에 따라 행동의 기능 분류 방법도 다양하고 몇 가지 기능이 복합된 경우도 많다. 따라서 굳이 분류에 얽매일 필요는 없다. 중요한 것은 문제행동이라고 판단되면 그 행동 대신 할 수 있는 바람직한 행동을 알려주고, 그 행동을 강화하는 것이다.

여동생이 놀이에 끼어들자 밀쳐낸다

하지 말라고 말로 해야지. 밀치면 안 돼

하지 마

밀치지 않고 말로 했구나. 잘했어요

행동의 기능 ❷ 자동강화일 때

행동 자체가 강화제가 되다

행동의 기능 2가지 중 하나인 자동강화(Automatic Reinforcement) 기능은 문제행동 자체가 강화제인 경우다. 자폐 아동 중 어떤 아이는 일반 아이가 흥미를 보이지 않는 것, 예를 들어 회전하는 프로펠러나 타이어, 바퀴 등 장난감의 일부분에 강한 흥미를 보인다. 또 손을 파닥 거리거나, 빙글빙글 돌거나 깡총깡총 뛰거나 하는 자기 자극 행동에 몰두하기도 한다. 이런 행동은 그 행동으로 느껴지는 다양한 감각이 강화제인 셈이다. 즉 그 행동 자체가 자동강화 기능을 가진 것이다. 그렇다고 모든 문제행동이 강화제는 아니다. 그중에는 앞에서 설명한 의 사소통 기능(회피 기능, 관심받기 기능 등)을 가진 경우도 있다.

다음은 '깡총깡총 뛰다'라는 행동에 ABC 분석을 실시해서 각각의 기능을 알아보았다. 이 때 문제행동은 같아도 그 기능이 다르다는 점을 주목하자.

그런데 '자동강화 기능'처럼 '깡총깡총 뛰다' 행동을 누군가의 관심 상관없이 계속한다면,

| 자동강화 기능 |

A 선행사건		**B** 행동		**C** 결과
(행동 전에 일어난 일)				(행동의 결과)
할 일이 없을 때 감각 없음	→	깡총깡총 뛴다	→	자극을 얻는다 감각 있음

자동강화 기능의 행동 대응법

그 행동을 해서 생기는 '감각'이 강화제가 된다. 이 경우는 부모가 그 행동을 아무리 막아도 계속 나타날 가능성이 상당히 높다. 따라서 자동강화 기능을 가진 행동에 대응할 때는 '동일한 감각 자극을 얻을 수 있는 여가 활동'으로 가르치거나 바꾸는 것을 목표로 해야 한다.

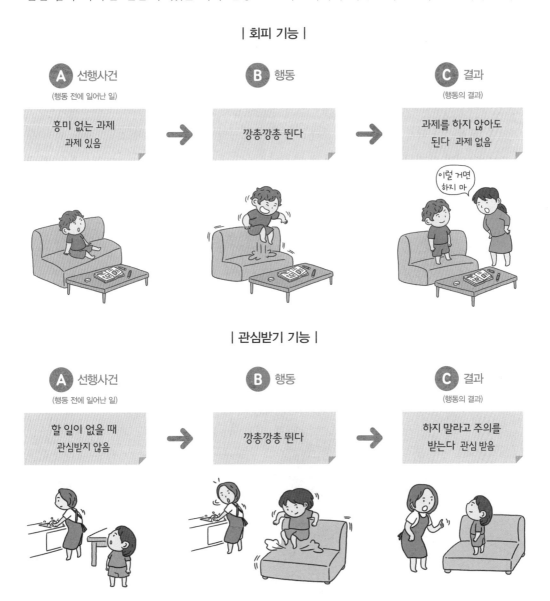

| 회피 기능 |

A 선행사건
(행동 전에 일어난 일)

흥미 없는 과제
과제 있음

→

B 행동

깡총깡총 뛴다

→

C 결과
(행동의 결과)

과제를 하지 않아도
된다 과제 없음

이럴 거면
하지 마

| 관심받기 기능 |

A 선행사건
(행동 전에 일어난 일)

할 일이 없을 때
관심받지 않음

→

B 행동

깡총깡총 뛴다

→

C 결과
(행동의 결과)

하지 말라고 주의를
받는다 관심 받음

행동의 기능 ❸ 복합 기능일 때

자기 자극 놀이에 몰두한 사례

이번 사례는 리본 끈을 손으로 들고 계속 흔들면서 자기 자극 놀이에 몰두하는 중증 지적 장애 아이의 경우다. 아이에게 이 행동은 자동강화 기능으로 작용하면서 놀이 자체가 목적이 되었다. 이 행동이 아이 자신이나 주위 사람에게 위해나 손해를 끼치지는 않지만, 이 행동만 계속 고집하고 다른 놀이나 학습에 전혀 관심이 없다면 문제가 된다. 따라서 이 경우는 학습이나 사회활동으로의 참가를 방해하는, 즉 회피 기능을 하는 문제행동으로 분류된다.

이 아이에게 놀이나 흥미의 범위를 넓히기 위해 좋아하는 리본 끈을 이용한 다른 적절한

손에 쥐고 리본 끈을 흔들어서 펄럭이게 하는 행동만 한다면
놀이 패턴에 변화를 주어서 보다 적절한 행동을 추가한다

놀이를 제안하였다. 다양하게 시도한 결과, 아이는 선풍기에 달린 끈이 펄럭이는 모습과, 작은 우산에 붙인 알록달록한 끈이 돌아가면서 펄럭이는 것을 굉장히 좋아했다. 그래서 선풍기에 끈을 달고 전원을 켜게 하고, 작은 우산은 손에 들고 돌리게 했다. 이전에는 손에 쥐고 리본 끈을 흔들어서 펄럭이게 하는 행동만 했다면, 이제는 놀이 패턴에 변화를 주어서 새로운 행동을 추가한 것이다.

이 경우는 적절한 놀이와 리본 끈 놀이를 동시에 진행하지 못하므로, 적절한 놀이를 늘리면 리본 끈 놀이에 몰두하는 시간이 자연스럽게 줄어들게 된다.

한편, 리본 끈 놀이는 조용히 혼자 할 수 있고 뭔가를 기다리는 동안 무료함을 대체할 수 있어서, 상황에 따라 적절한 행동이 될 수 있다. 그리고 리본 끈 놀이는 바람직한 행동 뒤에 따라오는 보상(강화제)처럼 사용할 수 있다.

이처럼 하나의 행동이 몇 가지 기능을 복합적으로 가진 경우가 많다. 그럴 때는 의사소통과 여가 활동을 같이 지원해야 한다.

지금까지 문제행동의 ABC 분석과 대응법을 찾기 위해 이야기하였다. 이를 실행하기 위해서는 '전략 시트'를 작성할 것을 권한다. '전략 시트'의 양식과 구체적인 기입 방식, 활용 방법은 PART Ⅲ에 설명하였다.

당장 시행하는 응급처치 대응법

바람직한 행동에 주목하기

전략 시트를 사용하는 방법을 설명하기에 앞서 아이의 문제행동에 대해 지금 바로 할 수 있는 응급처치 대응법을 설명하고자 한다. 프로그램을 계획하는 동안에도 가능하다.

앞에서(24쪽) 얘기한 사례의 경우 "우리 애들은 항상 싸워요"라고 느껴도 '3일에 한 번', 또는 '놀이가 시작되는 1분간'처럼 사이좋게 지낼 때도 분명 있을 것이다. 지금 바로 할 수 있는 것은 바로 '사이좋게 놀고 있을 시간'에 주목하는 것이다. 문제행동에 접근하지 않고, 바람직한 행동에 주목하고 잘 칭찬해주는 것이 문제행동에 대한 대응책으로 가장 손쉬운 방법이다.

바람직한 행동을 일으키는 비율이 늘어나면 상대적으로 문제행동이 나타나는 비율이 줄어든다. 이 방법이 즉각적인 효과가 없다고 느낄 수 있다. 하지만 조금씩이지만 확실한 효과를 보이는 방법이다. 특히 문제행동을 개선하기 위한 접근이 어려운 경우, 우선 바람직한 행동을 늘리는 방법을 권한다. 이때 아이가 만족할 수준으로 칭찬하는 것이 중요하다.

문제행동 대응책으로 가장 손쉬운 방법은 문제행동에 접근하지 않고,
바람직한 행동에 주목하여 자주 칭찬해주는 것이다

반향어는 문제행동인가?

반향어에는 "이름이 뭐야?"라는 질문에 "이름이 뭐야?"라고 대답하는 등 질문에 응답해야 하는 상황에서 그대로 질문을 반복해서 말하는 '즉각 반향어'와, "지금 들어오는 열차는 ○○행 ○○행 열차입니다"처럼 어떤 좋아하는 문구를 상황에 관계없이 혼잣말처럼 하는 '지연 반향어'가 있다.

반향어는 일반 아이에게도 언어 발달 시기에 나타나지만 자연스럽게 사라진다. 하지만 자폐 아동은 언어 발달이 '반향어 단계'에 머무는 특성이 있다.

부모 중에는 "주변 사람이나 상대방이 이상하게 생각하면 어쩌지?", "창피해서 안 했으면 좋겠어"라는 생각에 어떻게든 조용히 시키려고 지도 방법을 급하게 묻는 분들이 많다.

하지만 반향어는 언어 발달에 중요하고 필요한 과정이고, 그 후에 언어(말)가 발달하면서 대체된다. 따라서 반향어도 그 자체를 그만두게 하려는 접근보다는 대체할 수 있는 적절한 행동을 가르치는 방향으로 가는 것이 좋다.

즉각 반향어는 의사소통 지도, 특히 응답하는 방법을 지도하면 자연스럽게 줄어든다.

지연 반향어는 아무것도 하지 않는 시간에 나타나는 경우가 많으므로 적절한 여가 활동 기술을 익힐 수 있도록 놀이 지도를 하면 좋다.

따라서 많은 문제행동을 대할 때, 그 자체를 그만두게 하는 것보다는 적절한 행동을 가르치는 방법으로 접근할 필요가 있다.

약속을 잘 지키게 하는 방법

약속을 지키게 하는 '행동계약'

이번에는 전략 시트를 활용할 때 자주 나오는 '약속'이다. 아이가 문제행동의 대응으로 "다시는 하지 않을게요"라고 약속하거나 반성하는 것을 자주 볼 것이다. 하지만 약속을 지키는 것은 처음 몇 번뿐, 조금만 시간이 지나면 같은 행동을 반복하는 상황으로 돌아가기 마련이다. 이러한 일이 반복되면 아이에게 '약속'이라는 단어 자체가 거부감으로 느껴질 수 있다.

그럼 아이가 약속을 잘 지키고 그 상태를 유지하게 하기 위해서는 어떻게 하면 좋을까? 여기서는 '약속'이라는 행위를 효과적으로 시행하기 위한 '행동계약'에 관해 설명하였다.

아이가 약속을 안 지키면 행동계약대로 페널티를 주고 약속을
지키면 좋은 것이 온다는 체험을 통해 바람직한 행동을 강화한다

1 행동계약표로 약속 시각화하기

많은 자폐 아동이 시각적인 인지가 우수한 편이다. '구두 약속'처럼 청각적인 정보는 금방 잊히기 때문에 착각하거나 잘 기억하지 못한다. 약속을 했다면 행동계약표를 만들거나 문서화해서 눈에 잘 띄는 곳에 붙여두는 방법을 사용하면 효과적이다.

행동계약표를 크게 만들어서 눈에 잘 보이는 곳에 붙여야겠어

| 행동계약표의 예 |

목표	폭언을 하지 않으면서 8시까지 게임을 하고 목욕을 한다
계약 기간	6월 4일부터 7일간
체크하기	엄마가 체크한다
목표를 달성했을 때	1점, 30점에 새로운 게임 소프트팩
목표를 달성하지 못했을 때	게임 시간을 초과할 때마다 5분 단위로 −1점. 현관 청소와 목욕탕 청소를 하면 1점 회복
서명	엄마 이름 .... 아동 이름 ....

엄마와 약속한 것을 이거 보고 실천하는 거야 자, 약속하고 손가락 걸자

2 대신 어떻게 하면 좋은지 명확히 알려주기

약속할 때는 '무엇을 하면 안 되는지'가 아닌, '대신에 어떻게 하면 좋은지'를 구체적으로 정하는 것이 가장 중요하다. 대신할 행동을 정할 때는 아이가 충분히 이해할 수 있도록 반복해서 설명한다. 또한 그 행동은 반드시 아이가 할 수 있는 행동이어야 한다.

동생하고 싸울 때는 절대 때리지 않고 하지 말라고 말로 하기 약속!

['행동계약' 효과적으로 시행할 때 유의 사항 7가지]

저녁 먹은 후 1시간 동안
서로 싸우지 않기
어때, 할 수 있겠어?

3 약속 기간 정하기

기간을 정하면 지키기 쉽다. 지금까지 해온 행동을 갑자기 멈추는 것은 아이에게 굉장히 어려운 일이다. 먼저 짧은 시간 동안 약속을 지킬 수 있도록 촉구한다. '형제끼리 싸우지 않기'를 약속한다면, '저녁 먹고 한 시간 동안'이라고 정해준다. 시간은 짧을수록 달성하기 쉬워진다. 잘 달성하면 시간을 '짧은 시간 → 오늘 하루 → 일주일'로 서서히 늘려간다. 이렇게 기간을 정하면 목표 달성이 쉬워지고 자신감을 갖게 된다.

방 청소했네
책 정리도 다 했고?

4 달성한 것을 확인하기

아이가 약속 달성한 것을 확인하게 하는 것도 중요하다. 예를 들어 '학교에서 귀가하면 숙제한다'라면 누가, 언제 확인할 것인가를 정한다. 또 달성 기준을 정해두는 것이 좋다. '방 청소하기'라면 '책이 책꽂이에 꽂혀 있는가', '장난감은 정리했는가'처럼 체크 항목을 보고 확인한다. 이때도 행동계약표를 작성한다.

1시간 동안은 서로
싸우지 않으면,
뭘 줄까?

아이스크림
주세요

5 약속을 지켰을 때 강화물 정하기

약속을 지키면 반드시 강화한다. 이때 무엇을 강화물로 할지 정한다. '약속은 지키는 것이 당연한 거야'라고 말만 하는 것은 안 된다. 약속을 지키고 목표를 달성한 것에 대해 인정받고 칭찬받음으로써 성취감을 얻는다. 약속을 지키면 좋은 것이 온다는 체험을 통해 바람직한 행동을 강화하는 것이 중요하다.

6 약속을 안 지킬 때 페널티를 정하기

아이에게 약속을 지키지 않으면 어떤 형태로든 페널티가 주어진다는 것을 계약으로 명시하는 것도 좋다. 페널티에 토큰경제를 적용해, 약속을 지키지 않았을 때는 토큰을 뺏는 방법(반응 대가, response cost)을 사용한다. 여기서 토큰경제는 약속을 지키면 칭찬스티커를 받고, 칭찬스티커를 모으면 보상을 받는 것을 말한다.

이때 달성 기준이 너무 엄격하지 않도록 주의한다. 예를 들어 '정해진 시간 안에 한 번이라도 그 행동을 하면 안 돼'처럼 연속 달성을 조건으로 하면 달성하기 어려울 뿐 아니라, 한번 실패하면 약속 자체를 포기해버릴 위험성이 높다.

그래서 앞의 행동계약표 예처럼 '지키지 않았을 때는 -1점, 하지만 청소하면 다시 1점 회복'과 같이 페널티 규칙을 첨가하면 한 번 실패하고 나서 바로 약속을 포기하는 일을 방지할 수 있다.

7 아이에게 자발적 동의 얻기

마지막으로 아이에게 동의 얻는 것이 가장 중요하다. 아이 스스로 납득하고 동의해서 만든 약속(행동계약)을 시행한다는 생각을 갖게 해야 한다. 아이에게 강요하거나 밀어붙이는 행동은 절대 안 된다. 이때도 행동계약표를 만들어 아이 자신이 계약 내용 전부를 확인할 수 있도록 도와주고, 마지막에는 서로 서명해서 확인시켜준다.

아이의 문제행동에 대해

가족 전체가 공통된 의견을 가지고

일관되게 대응하는 것이 무엇보다 중요하다

PART **Ⅱ**

행동중재
준비하기

우선순위와 기록 방법

가족 간에 공통된 이해관계 만들기

문제행동 중재가 잘 안 되는 경우

이처럼 '문제행동'은 사람이나 장소와 같은 환경적, 사회적인 요인에 따라 문제가 되기도 하고, 안 되기도 한다. 또한, 유치원이나 학교 교사와 보호자 사이, 또는 아빠와 엄마 사이, 부모와 조부모 등의 가족 사이에서도 문제의 인식이 다른 경우가 종종 있다. 이는 아이를 다루는 방법이나 관계하는 방법이 다르기 때문이다. 그러다 보니 아이가 같은 행동을 하더라도 그에 대한 일관된 대응이 점점 어려워진다.

앞의 사례처럼 '사람을 포옹하려는' 행동은 유아기 때는 크게 문제 되지 않지만, 성인일 때 그러면 대부분 문제라고 인식한다. 반면에 초등학교·중학교 정도의 나이는 포옹하려는 대상에 따라 '문제로 삼을지'에 대한 인식이 달라진다. 또 상황이나 사람에 따라서도 반응이 달라진다.

집에서도 구성원들의 생각이 각각 달라서 대응하는 방법에도 차이가 있다. 예를 들어 부모는 아이가 짜증을 내면 무시하기로 정했는데, 조부모가 과자를 줘서 아이의 울음을 멈추게 하는 것이다. 이렇게 일관되지 않은 대응 때문에 아이는 혼란스러워하고, 문제행동 중재에 대한 효과도 잘 나타나지 않는다.

따라서 문제행동에 접근할 때는 문제 정도에 대한 인식이 다르다는 것을 무조건 전제로 하고, 아이와 관계하는 모든 어른이 모여서 대화를 통해 공통된 의견을 갖는 것이 무엇보다 중요하다.

또한 집에서 모든 문제행동을 대응하는 것은 불가능하다. 많은 부모가 유치원이나 학교에 있는 전문가, 아동발달지원센터나 발달장애인 지원센터, 교육센터 등의 기관과 상담하고 있다. 문제행동에 대해 집에서 대응하기 어려울 때는 반드시 전문 기관과 연계해서 대응해야 한다.

하지만 전문가와 아무리 연계한다고 해도, 아이가 문제행동을 일으킬 때마다 전문가를 찾을 수 없다. 따라서 먼저 집에서 할 수 있는 수준의 대응책을 마련해서 부모가 하는 것이 바람직하다. 이 책에서는 PART Ⅲ에서 설명하는 '전략 시트'를 사용하여, 집에서 보다 쉽게 문제행동을 중재할 수 있도록 소개하였다.

집에서 전략 시트를 사용할 경우 가능하면 부부가 함께 혹은 다른 어른 가족 구성원과도 함께 작성할 것을 권한다. 이는 가족 전체가 아이의 문제행동에 대해 공통적인 이해관계를 가지고 일관된 대응을 하기 위함이다.

아이가 과자 달라고 조를 때 엄마는 무시하고 할머니는 과자를 주면
일관되지 않은 대응으로 문제행동 중재가 제대로 되지 않는다

중재할 문제행동 명확하게 정하기

유치원도 연계하도록 협력 요청하기

문제행동을 바꾸기 위해 가장 먼저 해야 할 것은 그 행동을 가능한 한 구체적으로 기술하는 것이다. '산만해서 눈을 뗄 수 없다'라고 하면 너무 막연해서 구체적으로 어떤 행동이 문제가 되는지 알 수 없다.

그런데 문제행동을 중재할 때 기록하는 것보다 더 중요한 것이 있다. 어떤 문제행동을 기록할지 명확히 하는 것이다. 그러지 않으면 정확하게 기록할 수 없다. 구체적인 중재 방법을 생각할 때도 지금 당장 문제가 되는 행동을 정확한 표현으로 기술해야 한다. 유치원이나 학교, 가정에서 연계할 때에도 어떤 행동을 어떤 식으로 중재할 것인지 공통 인식을 가지는

문제행동을 바꾸기 위해서는 유치원이나 학교와도 연계하여
어떤 행동을 어떤 식으로 중재할 것인지 공유해야 한다

것이 필수불가결이다. 누가 봐도 판단할 수 있는 구체적이고 객관적인 기술로 문제행동을 정해야 한다.

예를 들어 '산만해서 눈을 뗄 수 없다'를 조금 더 구체적인 행동으로 표현한다면 '문이 열리는 순간 집에서 뛰쳐나간다', '외출할 때 잡고 있던 손을 갑자기 뿌리치고 어딘가로 달려간다', '병원이나 식당 등에서 대기 시간을 참지 못하고 제자리에서 빙빙 돈다'처럼 기술한다.

여기서 주의할 점은 부정형으로 기술하지 않아야 한다는 점이다. 문제행동을 기술하다 보니 무심코 부정형으로 쓰는 경우가 많다. 자신도 모르게 '아침에 나갈 준비를 하지 않는다', '지시를 따르지 않는다'처럼 '~~하지 않는다'라는 부정적인 표현이 먼저 떠오르기 쉽기 때문이다. 그러므로 의식적으로 부정형을 쓰지 않도록 주의하면서 기록한다. 그리고 부정형도 부정형이지만 이런 막연한 표현은 나중에 보면 아이가 무엇을 준비하지 않았는지 알 수 없을 때가 많다. 따라서 아이가 준비하지 않고 구체적으로 무엇을 하는지를 자세히 기술한다. 예를 들면 '아침에 나갈 준비를 하지 않는다' 표현은 '준비하지 않고 침대에서 나와 소파에서 자고 있다'라거나 '준비를 하지 않고 TV만 보고 있다'라고 쓴다. '지시를 따르지 않는다'는 표현은 '아무리 "정리해"라고 말해도 움직이지 않고 하던 놀이를 계속한다'처럼 구체적으로 쓴다.

구체적으로 'ABC 분석' 기록하기

PART II
행동중재 준비하기

기록은 반드시 필요한 절차

다음으로 그 문제행동이 언제, 어디서, 누구와, 무엇을 하고 있을 때, 어느 정도의 빈도로 일어나는가를 기록한다. 이것은 문제행동을 보다 정확하게 파악하기 위해, 또 그 행동 뒤의 대처가 적절했는지를 판단하기 위해 반드시 필요한 절차다. 그리고 행동중재를 시작하기 전에 기록할 때는 그 행동에 대해 평소와 같은 방법으로 접근해야 한다는 것을 명심하자.

기록은 ABC 분석과 같은 '행동 관찰 시트'를 사용하는 것이 가장 간단하다. PART Ⅲ에서 전략 시트를 사용할 때 응용할 수 있다. 구체적으로는 아래 표와 같다.

| 행동 관찰 시트 예시 |

NO. _____   20 년 월 일(요일)

선행사건 (A)		행동(B)	결과(C)	
시간	❶ 상황/계기	❷ 행동	❸ 대처 상황	❹ 다음 행동은?
15 : 30	간식 먹기 전, 거실에서 동생과 준비하고 있을때, 자기가 가져 가려고 챙기던 간식을 동생이 가지고 가버림	동생 때림	동생이 어쩔 수 없이 형에게 건네줌	침착해짐
18 : 00	저녁 식사 전에, 거실에서 혼자서 자동차 레일로 놀고 있을 때, 엄마가 "그만해, 밥 먹자, 이리 와"라고 말함	레일을 던짐	"니 마음대로 해"라고 말하고 엄마는 거실에서 퇴장함	침착해짐
18 : 30	엄마랑 동생이랑 식탁에서 저녁을 먹고 있을 때, 엄마가 "피망 남기지 말고 먹기"라고 말함	접시를 아래로 떨어뜨림	정리하도록 시키지만 따르지 않아서 혼냄	격렬하게 울고 한층 더 가열됨. 30분

'행동 관찰 시트' 작성하는 방법을 자세히 설명하면, 먼저 '① 상황/계기'란에는 '언제, 어디서, 누구와 무엇을 했을 때, 어떤 상황에서'와 같은 정보를 알기 쉽게 기재한다. 다음 '② 행동'란에는 '~~하지 않고' 처럼 부정적인 표현으로 끝나지 않도록 주의하면서, 어떤 행동이 있었는지를 구체적으로 기재한다.

'③ 대처 상황'란은 그 행동에 대해 누가 어떻게 했는지를 적는다. 마지막에 '④ 다음 행동은?'란에는 결과적으로 그 대처를 통해 행동이 증가했는지, 감소했는지, 또는 해결되었는지 등을 기록한다.

이렇게 행동 관찰 시트를 일주일 동안 기록해보면 어느 시간대에 어떤 행동이 나타나고, 어떤 대응을 한 결과 어떻게 되었는가 등을 어림잡아 파악할 수 있다. 이 정보만으로도 전략 시트를 작성할 수 있다.

행동 관찰 시트를 기록하면 그동안 미처 몰랐던 여러 가지 '문제행동'이 보이는 경우도 많다. 하지만 여러 문제행동을 한꺼번에 동시에 중재하는 것보다 우선순위가 높은 문제행동 하나만 정해서 집중적으로 지원하는 것이 효과적이다.

우선순위를 정할 때는 가장 먼저 문제행동이 아이 자신이나 주위에 미치는 영향의 강도나 중재 방법의 난이도 등을 고려하는 것이 중요하다.

[문제행동 정하는 우선순위 6가지]

다음은 우선순위를 정하는 방법에 관한 설명이다. 문제행동의 강도나 중재 방법의 난이도 등을 고려할 때 주요 힌트가 되는 6가지 우선순위다.

1 긴급 상황을 일으키는 행동

대부분의 문제행동은 아래와 같이 분류한다.

(가) 상대방이나 자신에게 위해나 손해를 끼치는 행동

상대방에게 상처를 입힐 가능성 높은 행동, 물건을 훼손하는 파괴적인 행동, 자해 행동처럼 자신에게 상처를 주는 행동 등이다.

(나) 상대방이나 자신의 행동을 제한하는 행동

상대방을 끌어들이는 고집스러운 행동 등이다. 예를 들어 '원하는 대답을 얻을 때까지 같은 질문을 반복하기', '엄마가 옆에 없으면 항상 크게 울기' 등이 해당한다.

엄마 바쁘니까 아빠랑 산책하자

싫어 엄마랑 갈 거야

(다) 학습이나 사회활동으로의 참가를 방해하는 행동

학습이나 사회 참가의 기회를 방해하는 행동도 문제행동이다. 예를 들어 '특정 화장실에서만 변을 볼 수 있다', '특정 사람하고만 산책할 수 있다' 등은 외출이나 사회 참가를 제한하는 행동이다. '사람들 앞에서 코 후비기', '식사할 때 허겁지겁 먹기' 등 예절에 반하는 행동도 사회활동에 참여하는 것을 방해하는 행동이다.

이처럼 문제행동을 중재할 때는 앞의 긴급 상황을 일으키는 행동 중에서 '상대방이나 자신에게 위해나 손해를 끼치는 행동'의 대응이 가장 우선되어야 한다. 그다음은 상황에 따라 '상대방이나 자신의 행동을 제한하는 행동' 또는 '학습이나 사회활동으로의 참가를 방해하는 행동' 중에서 정한다.

2 지금도 문제가 되지만 나중에도 문제가 될 행동

지금도 문제가 되는데, 나중에 그 행동이 계속되면 자신이나 주위 사람들에게 손해를 끼칠 행동을 우선 중재한다. 예를 들어 '약을 먹는 것을 싫어한다', '예방접종을 싫어한다' 등은 지금도 문제지만, 장기적인 시점으로 봐도 자신의 건강을 해치는 행동이다.

3 중재할 기회가 많은 행동

앞의 ①이나 ②의 관점과는 조금 다르지만, 문제행동을 중재할 기회가 많은 것부터 우선순위로 생각한다. 예를 들어 밥 먹을 때마다 숟가락을 식탁에 탁탁 친다거나 심심할 때마다 소파에서 깡충깡충 뛰는 행동처럼 일상에서 자주 접하는 행동이다. 그런데 '소리를 지르며 창문으로 돌진한다' 같은 행동은 재빠른 중재가 필요한 긴급한 문제다. 하지만 그 행동이 나타나는 것이 1년 1회 정도라면 중재할 기회가 적고 효과 또한 나타나기 어렵다. 이렇게 긴급성이 높아도 중재할 기회가 적은 경우는 그 행동을 우선하는 것보다, 사전에 환경을 바꿔서 위험도를 평가하고 다른 적절한 행동을 늘리는 것에 중점을 두는 것이 좋다.

아무래도 대체할 다른 행동을 찾아봐야겠어

[문제행동 정하는 우선순위 6가지]

4 특정 장소나 상황에서 예측하기 쉬운 행동

문제행동이 나타나는 장소가 정해져 있으면 중재가 쉬우므로 우선순위가 더 높다. 예를 들어 매일 아침 옷을 갈아입는 상황에서 '입고 싶은 옷이 아닌 다른 옷을 입으라고 하면 짜증을 낸다'라고 하면, 그 행동이 나타나는 시간과 장소가 정해져 있다. 이 경우 '짜증을 내지 않도록 사전에 환경 바꾸기(예를 들어 전날 밤에 내일 입을 옷을 같이 징해두기 등), 짜증 낼 때 어떻게 대응할지 생각해두기'와 같은 것을 할 수 있어서 아이를 다루기 쉽고 효과도 금방 나타난다.

5 중재하기 쉬운 행동

당연한 말이지만, 문제행동을 개선하기 위해서는 중재하는 어른이 옆에 있는 것이 전제조건이다. 예를 들어 유치원이나 학교에서 일어나는 문제행동에 부모가 개입하는 것은 극히 드문 일이다. 가정에서 일어나는 행동이라도 부모가 집안일로 바쁜 시간대에 중재하기는 어렵다. 결국 사람이 옆에 있는 상황에서 나타나는 문제행동은 중재하기 쉬우니 우선적으로 다루면 좋다.

6 전조가 되는 행동

마지막으로 몇 가지 전조가 되는 행동이 계속된 후에 문제행동이 나타나는 경우다. 예를 들어 '인상을 쓰며 폭력을 휘두른다'라는 행동이 아래 표처럼 몇 가지 행동을 통해 확대되면서 나타난다고 하자. '인상을 쓰며 폭력을 휘두른다'라는 행동을 바꾸려면 '전조가 되는 행동', 즉 '물건을 던지고 벽을 친다', '엄마를 자꾸 만진 다'라는 행동을 중재 목표로 다루는 것이 접근하기 쉽다.

이처럼 전조가 되는 행동부터 중재할수록 수월하다. 즉, '폭력을 휘두른다' 행동보다 '물건을 던지고 벽을 치다' 행동이 훨씬 중재하기 쉽고, 대응하기 쉽다. 이렇게 몇 가지 행동을 한 후에 문제행동으로 확대되는 경우는 처음 전조가 되는 행동을 다루도록 한다.

따라서 전조 행동도 아래 표 예시처럼 B. 행동에 기록한다.

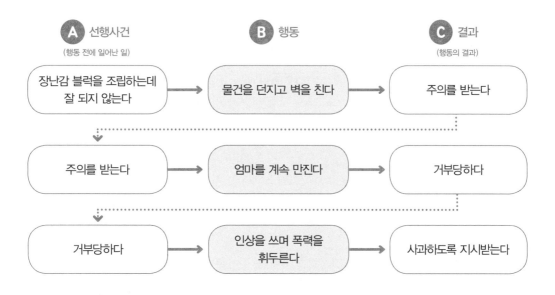

이상 6가지를 종합적으로 판단하여 어떤 문제행동을 목표로 할지 좁혀가자. 다음은 중재를 위한 기록 작성법이다.

행동중재를 위한 기록 작성법

[가정에서 쉽게 기록하는 방법 5가지]

중재 효과를 알려면 중재하기 전과 중재할 때의 행동을 기록하고 비교해야 한다. 이때 행동의 증감이 기록되어 있으면 좋으므로, 단순하게 수치로 표현한다. 기록 방법은 다양하지만, 가정에서 사용하기 쉬운 기록 방법으로 5가지를 소개하였다. 다음은 실행하기 쉬운 순서대로다.

1 문제행동의 유무 기록하기

문제행동을 '했다/하지 않았다'를 기록하는 방법이다. 예를 들어 아침에 일어나 학교 가기까지의 시간 동안 '울고 소리 지르다'가 있었는지 없었는지를 기록한다. 가장 간편한 기록 방법이다. 하지만 그 행동이 한 번만 일어나든 여러 번 일어나든 똑같이 기록되기 때문에 행동의 증감을 알기 어렵다. 그럴 때는 1~4회는 A, 5회 이상은 B처럼, 미리 범위와 기호를 정해두고 기록하면 좋다.

> **사례**
>
> 현재 유치원 5세 반에 다니고 있는 A는 손가락을 깨무는 자해 행동이 있다. A의 손가락에는 깨문 상처가 없어지질 않아서 엄마는 걱정이 크다. 그래서 '손가락을 깨문다'라는 문제행동을 개선하기로 하였다.
>
> 먼저 가정에서의 A의 일과표를 작성하고, '손가락을 깨문다'라는 행동이 나타났을 때 일과표에 체크하기로 했다. 어느 정도의 빈도로 손가락을 깨무는 행동이 나타나는지를 알기 위해, 1~4회 나타났을 때는 'A', 5회 이상 나타났을 때는 'B', 나타나지 않았을 때는 '-'를 기입하는 규칙을 정하고 기록했다.

기록 예시 '손가락을 깨문다'라는 행동 발생 횟수

※ 1~4회는 A, 5회 이상은 B, 미리 범위와
기호를 정해두고 기록한다

	일	월	화	수	목	금	토
아침 외출 준비	A	–	–	B	A		A
등원	–	A	A	B	B	–	
하원	–	–	B	–	–	B	–
저녁때 자유 시간	B	B	B	–	A	A	–
저녁 시간	B	B	B	–	B	–	–

2 문제행동의 '횟수' 기록하기

그 행동이 '몇 번 일어났는가'를 수치화하는 방법이다. 예를 들어 '저녁 시간에 여동생을 3번 때렸다', '외출 중에 손을 뿌리치고 달려간 적이 5번 있었다'와 같은 기록 방법이다.

> 사례
>
> B는 여동생 머리카락을 잡아당겨서 울리는 문제행동이 있다. 이 행동은 특히 저녁 시간에 자주 보인다. 그래서 오후 4~5시에 한 시간 동안 B가 여동생의 머리카락을 몇 번 잡아당겼는지 기록했다.

기록 예시 여동생 머리카락 잡아당기는 횟수

일	3	목	4
월	3	금	2
화	2	토	3
수	2	※ 한 주 동안 평균 2.7회	

[가정에서 쉽게 기록하는 방법 5가지]

3 행동이 '지속되는 시간' 기록하기

그 행동이 매번 '어느 정도 길게 지속되는지'를 기록하는 방법이다. 예를 들어 '옷을 입는 데 30분이 걸렸다', '숙제를 하라고 했더니 50분간 울기만 했다'와 같은 기록 방법이다.

<blockquote>

사례

C는 TV를 끄면 짜증을 내기 시작한다. 짜증을 내고 큰 소리로 울부짖는 시간이 어느 정도인지를 기록했다.

</blockquote>

기록 예시 울부짖는 시간

일	5분	목	15분
월	10분	금	15분
화	10분	토	5분
수	5분	※ 한 주 동안 평균 9.3분	

잠깐! TIP

 행동중재

행동중재(behavioral intervention)는 직접 개입해서, 또는 환경을 조작해서, 또는 이 양자를 결합하여 타인의 행동에 영향을 끼치는 것을 말하는데, 여기서 중재는 타인의 행동을 바꾸려는 의도로 실행하는 처치(treatment)를 뜻한다.

4 행동이 '나타나기까지 걸린 시간' 기록하기

그 행동이 '일어날 때까지 어느 정도의 시간이 걸리는가'를 기록하는 방법이다. 예를 들어 '집에 오면 숙제를 해야 하는데, 책상에 앉기까지 시간이 걸린다'의 경우, 집에 와서 책상에 앉기까지 걸리는 시간, 또는 집에 와서 숙제를 시작하기까지 걸리는 시간을 '0월 0일 — 1시간 30분(집에 와서 1시간 30분 뒤에 시작한 것을 의미함)'이라고 기록한다.

> **사례**
>
> D는 아침에 등원 준비를 서두르지 않고 놀면서 하기에 매일 지각한다. 특히 아침 식사를 시작하기까지 시간이 걸린다. 그래서 아침에 일어나서 식사를 시작하기 직전까지 걸리는 시간을 재보았다.

기록 예시 아침에 일어나 아침 먹기까지 걸린 시간

일	1시간 20분
월	1시간
화	1시간 10분
수	40분
목	1시간 10분
금	50분
토	1시간 30분

※ 한 주 동안 평균 1시간 6분

[가정에서 쉽게 기록하는 방법 5가지]

5 행동의 '강도' 기록하기

조금 주관적인 기준이지만, 그 행동의 강도를 기록하는 방법도 있다. 예를 들어 '크게 소리를 지른다'라는 문제행동이 있다면, '4-견딜 수 없을 정도의 큰 소리, 3-너무 큰 소리, 2-조금 신경 쓰일 정도의 큰 소리, 1-신경 쓰이지 않을 정도의 소리'처럼 평가 기준을 정해서 기록한다. 이렇게 기록하면 그 뒤의 대처로 인해 목소리를 조금 작게 냈는가를 판단할 수 있다.

> **사례**
>
> E는 놀 때 노래를 부르는 것을 좋아하지만 목소리가 너무 커서 문제가 있다. E의 가족은 아파트에 살고 있어서 옆집에서 불편해할까 봐 엄마는 걱정이다. 그래서 '4- 견딜 수 없을 정도의 큰 소리, 3- 너무 큰 소리, 2- 조금 신경 쓰일 정도의 큰 소리, 1- 신경 쓰지 않을 정도의 소리'처럼 4단계로 기록했다.

기록 예시 노래 부를 때 목소리 크기

일	3
월	2
화	4
수	3
목	4
금	4
토	4

※ 한 주 동안 평균 3.4

앞에서 소개한 5가지 기록 방법 중에서 먼저 '이해하기 쉬운 것'과 '기록하기 쉬운 것'을 기준으로 선택한다. 예를 들어 '저녁 식사 중에 식탁을 치는 행동을 줄이고 싶다'면, 식탁 치는 횟수를 측정하는 것이 쉽고 이해하기 쉬울 것이다. 그 횟수가 서서히 줄어들면서 0에 가까워지면 목표에 도달했다고 판단할 수 있다.

기록을 쉽게 하는 기준에 대해서도 생각해보았다. 예를 들어 '식사 중에 자리에서 일어난다'라는 행동이 빈번하게 일어났다가 앉기를 반복하는 경우에는 이탈하는 횟수를 기록하는 것이 가장 간단할 것이다. 반면에 한번 자리를 뜨면 다시 돌아오기까지 시간이 걸리는 경우에는 횟수보다는 '착석하고 있는 시간', 혹은 '이탈하기까지 걸리는 시간', '이탈해 있는 시간'을 기록하는 것이 좋다.

여유가 있다면, 복수의 관점으로 기록하면 더 좋다. 예를 들어, 숙제하라고 하면 울부짖고 좀처럼 숙제를 하지 않는 경우라면, 울부짖는 행동이 지속하는 시간과 울부짖는 강도를 함께 기록하면 이후에 울부짖는 시간이 짧아지고 강도도 약해지면서 목표 달성에 가까워지는 것을 파악할 수 있다. 이렇게 행동의 변화를 알기 쉽고 가정에서도 기록하기 쉬운 방법을 선택한다.

행동중재를 위한 기록 방법은 먼저 '이해하기 쉬운 것'과
'기록하기 쉬운 것'을 기준으로 선택한다

기록하는 시간 정하기

기록 시간 정할 때 유의 사항

어떤 방법으로 기록할지 정했다면, 다음은 그 행동을 일주일 정도 기록한다. 하지만 온종일 기록하기란 쉽지 않다. 그 행동이 나타나는 시간대에 한정해서 기록해도 된다. 예를 들어, 외출할 때나 저녁 식사 등 특정 상황에서 일어나는 행동은 그때그때 기록한다. 하루 동안 빈번하게 나타나는 행동(예를 들어 15분에 한 번)은 '아침에 일어나서 학교에 갈 때까지' 혹은 '집으로 돌아와서 오후 8시까지'처럼 일정 시간을 정해서 기록한다.

정한 시간 이외에 문제행동이 나타났을 때는 꼭 기록하지 않아도 된다. 빈번하게 나타나는 행동을 그때그때 기록하려면 보호자(기록자)가 다른 일을 할 시간이 없어지는 등 일상생활을 하기 어려워지기 때문이다.

보호자가 그때그때 기록하려고 하면 일상생활이 힘들어지므로
정한 시간 이외에 문제행동이 나타났을 때는 기록하지 않는다

반면에 15분에 한 번 미만의 빈도로 나타나는 행동이라면 그 행동이 일어났을 때마다 기록하면 좋다. 가정에서 기록하는 경우는 오전 기상, 옷 갈아입기, 저녁 식사, 목욕 시간 등의 상황별로 그 행동이 일어나는지 안 일어나는지를 기록하는 게 지속하기 쉽다. 여유가 있다면 그 행동의 강도도 같이 기록한다.

만약 일과 집안일, 육아를 병행하는 부모라면 기록하는 일이 쉽지 않을 것이다. 또한 각 가정의 상황에 따라 기록하는 범위도 다를 것이다. 기록은 각자의 상황에 맞고 적용하기 쉬운 방법을 선택한다. 예를 들면 가족이 함께하는 방법을 고려하거나 시간을 정해서 기록할 수 있다. 주의할 점은 문제행동을 기록할 때 추상적이지 않고 구체적으로 정의한다는 것이다.

일주일 동안의 기록이 끝나면 그 주의 평균 수치를 내본다. 이것은 문제행동 중재를 시작한 뒤 그 중재가 잘되는지를 판단하는 자료가 된다. 중재 도중과 종료 후에도 같은 방법으로 기록하고, 평균을 내어 중재 전보다 개선되었는지 비교해본다.

이것으로 문제행동 중재 전의 준비 사항은 끝났다. 문제행동에 대응하려면 행동을 악화하지 않기 위해서라도 먼저 꼼꼼한 정보 수집과 충분한 평가가 필요하다. 다음 PART Ⅲ에서는 전략 시트를 가지고 프로그램을 작성하는 방법을 설명하였다.

문제행동을 바로잡는 것은 좋으나

아무 대책 없이 나서면

오히려 상황을 악화할 수 있다

PART **III**

문제행동
분석하기

～～

전략 시트 활용법

전략 시트로 중재 계획 세우기

문제행동 기록장 — 전략 시트

집에서 할 수 있는 문제행동 내응 수단으로 '전략 시트'를 사용하였다. 전략 시트 예시는 다음 표와 같다. 'TV를 켜려는데 금지당하자 바닥에 머리를 박는다'는 문제를 사례로 작성하였다.

전략 시트는 문제행동을 객관적으로 살펴보기 위해 내가 고안한 것이다. 이 전략 시트를 작성하면 문제행동이 어떤 상황에 일어나고, 어떤 결과로 이어지는지, 또 어떤 대책을 세우면 좋을지를 정리할 수 있다.

가정에서 전략 시트를 작성할 때 부부나 조부모 등 온 가족이 함께할 것을 추천한다. 이는 가족 전체가 문제행동에 대해 공통된 견해를 가지고 대응해야 하기 때문이다.

문제행동을 바로잡는 것은 좋으나 아무 대책 없이 나서면 오히려 상황을 악화할 수 있다. 먼저 아이의 어떤 행동이 누구에게 '문제'가 되고, 지금 당장 적극적으로 대응해야 하는 문제인지 가족과 논의하여 정한다.

가정에서 전략 시트를 작성할 때 부부나 조부모 등 온 가족이 함께할 것을 추천한다. 문제행동에 대해 공통된 견해를 가지고 대응해야 하기 때문이다

전략 시트 : 머리를 바닥에 박는다(자해 행동)

A : 선행사건
(행동 전에 일어난 일)

언제, 어디서, 누구와,
무엇을 할 때?
(행동이 나타나지 않을 때는 빨
간색으로 기입)

* 집에 와서 거실 TV를 켜
려는데 엄마가 금지한다.
* 외출했을 때 혹은 좋아하
는 놀이를 할 때

B : 행동

구체적으로 기입하기

바닥에 머리를 박는다.

C : 결과
(행동의 결과)

- 요구 ✔   - 관심받기
- 회피
- 자동강화   - 기타

TV를 볼 수 있게 된다.

사전 대응책 연구
- 문제행동 일어나지
않게 하기 ✔
- 바람직한 행동 하기 ✔

* TV 켜는 걸 내버려 둔다.
* TV를 거실에서 다른 방으
로 옮긴다.
* 동전을 넣어야 TV가 켜
지는 장치를 설치한다.
* 다음 할 일을 시각화로 보
여준다.
* 사전 약속하고 일정 시간
참으면 간식을 준다.
* TV 대신 좋아하는 노래
듣기로 유도한다.
* 타이머와 간식 보여주고,
타이머 울리면 끝난다고
알려준다.

바람직한 행동
- 지시 따르기 기술 ✔
- 의사소통 기술
- 여가 활동 기술   - 기타

* 일과표를 확인한 후 해야
할 일 혹은 심부름을 시킨다.

강화 방법
- 칭찬 ✔   - 보상 ✔
- 좋아하는 활동
- 토큰경제   - 기타

* '잘 해냈구나' 하고 칭찬
한다.
* 저녁 식사 전까지 TV 보
게 한다.

문제행동 대응법
- 과제 성공하도록 도움 ✔
- 침착해지도록 도움 ✔

그래도
문제행동을 하면

* 일과표를 제시하고 이행하
도록 도와준다.
* 쿠션 코너로 데려가 침착
해질 때까지 기다린다.
* 불필요한 말은 하지 않는다.

부정형 NO, 긍정형으로 기록하기

기록할 때는 최대한 구체적으로

문제행동을 기록할 때는 최대한 구체적으로 한다. 그러나 기록해야 할 행동이 너무 많으면 중도 포기하기 쉽다. 행동을 구체적이면서 효율적으로 기록하는 방법은 PART Ⅱ에서 설명하였다. 핵심 사항을 다시 설명하면, 기록하는 사람이나 시기에 따라 기준이 바뀌면 정확하게 기록할 수 없으므로, 문제행동을 기록할 때 추상적이지 않고 구체적으로 한다. 예를 들면 '정리를 안 한다'처럼 부정형이 아니라 '정리를 안 하고 TV를 본다'와 같이 긍정형으로 적는다. 기록 기간은 일주일 정도 한다. 혼자서 관찰하고 기록하기 어렵다면 가족이 함께하는 방법도 고려한다. 이번 PART Ⅲ에서는 문제행동을 객관적으로 볼 수 있는 전략 시트 작성법을 구체적으로 설명하였다.

| 행동을 효율적으로 기록하는 방법 |

전략 시트 'B: 행동' 기입하기

III
PART
문제행동 분석하기

우선순위 높은 문제행동부터 적기

* 가장 먼저 전략 시트 상단의 'B: 행동'란에 우선순위가 높은 문제행동을 기입한다.

* 최대한 구체적으로 쓰고, 부정형이 아니라 반드시 긍정형으로 적는다.

* 'TV 켜는 것을 금지당했을 때 바닥에 머리를 박는다'라는 사례 경우 아래와 같이 적는다.

B: 행동 **기입 예시**

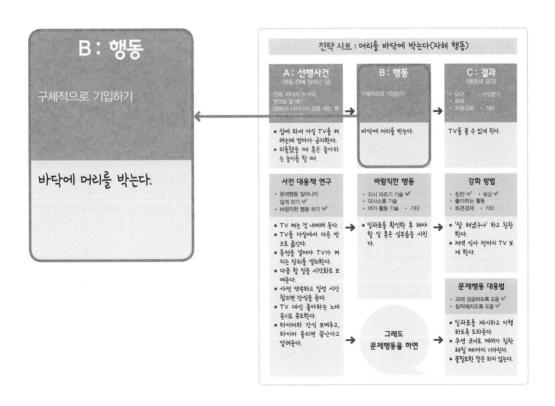

B: 행동

구체적으로 기입하기

바닥에 머리를 박는다.

전략 시트 'A : 선행사건' 기입하기

PART Ⅲ
문제행동 분석하기

'문제행동 일으키는 상황' 자세히 기록하기

'A: 선행사건(행동 전에 일어난 일)'에는 문제행동을 일으키는 환경이나 상황에 대해 '언제', '어디서', '누구와', '무엇을 할 때' 나타나는가를 구체적으로 적는다. '짜증 낼 때'라고만 쓰면 언제, 어떨 때 짜증을 내는지 알 수 없다. 가족끼리 의견을 나누면서 최대한 많은 동기와 상황을 기록한다.

A: 선행사건 기입 예시

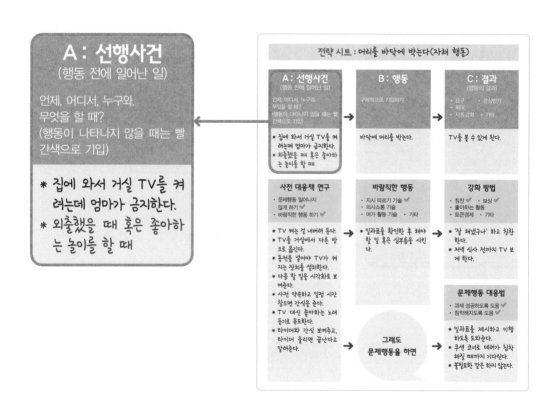

082

아이가 문제행동을 자주 일으키는 환경이나 상황을 알면 여러 가지 이점을 얻을 수 있다. 첫째, 행동을 예측할 수 있다. 둘째, 냉정하게 중재할 수 있다. 셋째, 사전에 대책을 마련할 수 있다.

예를 들어 '바닥에 머리를 박는다'라는 행동은 어떤 상황에서 많이 나타나는가? '집으로 돌아와서 거실에서 TV를 켜려고 했는데 엄마가 켜지 말라고 할 때', '간식 시간에 엄마가 주는 간식이 자신이 생각했던 간식과 다를 때', '식사 후에 게임을 하는데 엄마가 목욕하라고 재촉할 때' 등 떠오르는 것을 정리해본다.

이렇게 몇 가지 환경이나 상황이 있을 때는 전략 시트를 여러 장 사용한다. 그중에서 가장 나타나기 쉬운 환경이나 상황부터 대책을 강구해나간다.

| '문제행동 일으키는 상황' 알면 좋은 점 |

첫째, 행동을 예측할 수 있다

둘째, 냉정하게 중재할 수 있다

셋째, 사전에 대책을 마련할 수 있다

'문제행동이 일어나지 않는 상황' 알면 좋은 점

'A: 선행사건(행동 전에 일어난 일)'란에는 문제행동을 일으키기 쉬운 상황뿐 아니라 '문제행동이 일어나지 않는 상황'도 기입한다. 문제행동이 일어나지 않을 때는 어떤 상황인지에 대해 가족과 이야기를 나눠보자. '문제행동이 일어나지 않는 상황'에 대해서는 선행사건란에 다른 색 펜으로 기입한다.

아이의 '문제행동이 일어나지 않는 환경이나 상황'을 알면 여러 가지 이점이 생긴다. 첫째, 아이의 바람직한 행동에 주목할 수 있다. 둘째, 아이의 바람직한 행동을 칭찬해줄 수 있다. 셋째, 사전에 바람직한 행동이 일어나는 '환경 조건'을 찾을 수 있다.

| '문제행동이 일어나지 않는 상황' 알면 좋은 점 |

문제행동이 있으면 부모는 자연스럽게 그 행동에 주목하고, 결과적으로 혼내는 일도 많아진다. 이럴 때는 방향을 바꿔보자. 즉 문제행동이 일어난 상황이 아닌, 일어나지 않는 상황에 더 주의를 기울여서 잘한 행동에 주목하는 것이다. 예를 들면 심심할 때 소파에서 깡충깡충 뛰는 행동을 자주 했다면, 소파에 가만히 앉아 있을 때를 주목해서 칭찬해준다. 또 편식이 심한 아이일 경우 편식하지 않고 골고루 먹었을 때 적극적으로 칭찬해준다.

이처럼 평소 무심코 지나칠 수 있는 평범한 상황이나 행동을 더 칭찬해서 강화하면 이 행동이 아이에게는 바람직한 행동이 된다. 따라서 생활 속 적절한 행동을 수시로 칭찬하고 인정해주면 아이의 바람직한 행동이 증가하면서 상대적으로 문제행동이 줄어들게 될 것이다. 이때 칭찬 등 강화는 과장되게 할수록 효과가 좋다.

잊지 말자. 문제행동이 일어나지 않는 상황이 바로 바람직한 행동이 일어나는 환경이라는 것을 말이다. '문제행동이 일어나지 않는 상황'에 주목하면 다음 이야기할 '사전 대응책 연구'에 대한 아이디어도 쉽게 얻을 수 있다.

전략 시트 'C : 결과' 기입하기

III PART
문제행동 분석하기

문제행동이 일어나는 동기 파악하기

'C: 결과(행동의 결과)'란에는 문제행동을 한 결과 아이가 어떤 상황에 놓이게 되었는지를 적는다. 하지만 이것은 어디까지나 가설이다. 문제행동의 대부분은 ① 물건이나 활동의 요구, ② 관심받기, ③ 회피, ④ 자동강화 등의 기능을 가진다. 사례 '머리를 바닥에 박는다' 경우 'A: 선행사건'란을 살펴보면 먼저 'TV를 켜고 싶다'라는 요구 기능이다. 하지만 같은 행동도 기능이 다를 때가 있다. '싫어하는 과자를 먹으라고 했을 때' 나타나면 '싫다'는 회피의 기능, '엄마가 여동생을 안고 있을 때' 나타난다면 관심받기 기능, '혼자 심심할 때'는 관심받기 기능이나 감각놀이로서 자동강화 기능일 때가 높다. 이렇게 문제행동이 일어나는 상황을 각각의 동기에 따라 전략 시트에 작성하면 더 쉽게 이해할 수 있다.

C: 결과 기입 예시

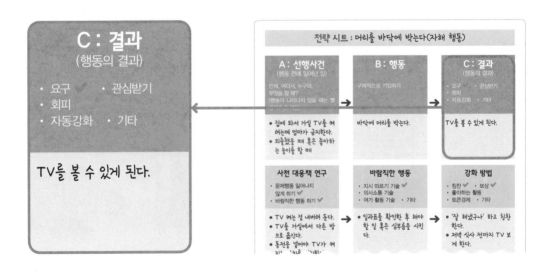

이렇듯 다른 행동이지만 기능이 같을 때도 있고, 같은 행동이 각각 다른 기능을 가질 때도 있다. 같은 행동이어도 가정과 학교 등 환경에 따라 기능이 다르게 나타난다. 따라서 'C : 결과'란에 있는 모든 기능에 체크할 필요는 없다. 단, 아이의 행동이 어떤 기능을 하는지 잘 모르거나 헷갈린다면 모두 체크한다. 이 시점은 어디까지나 가설이므로, 기능을 엄밀하게 분류하지 않아도 된다.

다음 'C : 결과'란을 기입하면 다음과 같은 이점이 생긴다. 첫째, 문제행동을 강화하는 요인을 예측할 수 있다. 둘째, 문제행동을 강화하지 않을 수 있다. 셋째, 문제행동과 같은 기능을 가진 행동 혹은 대체할 행동을 찾기 쉽다.

한편, 주변의 반응이 알게 모르게 문제행동을 강화하는 경우도 있다. 'C : 결과'란에 기입하기 위해 문제행동이 어떤 기능을 하는지 생각하다 보면 그 행동을 유지하는 요인이 명확해지고, 신기하게도 행동을 강화하지 않는 쪽으로 대응할 수 있게 된다. 또한 문제행동과 같은 기능을 하는 '바람직한 행동'이 무엇일지 설정하기 쉬워진다.

| 'C : 결과'란을 기입하면 좋은 점 |

PART III 문제행동 분석하기

중재 계획 세우기

사전 대응책 연구하기

다음은 중재 계획을 세우는 단계다. 먼저 사전 대응책을 연구해보자. 이 단계만으로도 문제행동의 많은 부분이 변할 수 있다. 문제행동은 어느 날 갑자기 나타나는 것이 아니라 환경 안에서의 무언가로 인해 일어난다. 그 무언가가 바로 전략 시트 상단의 'A: 선행사건'란에 적은 것(문제행동이 일어나는 동기나 상황)이다. 문제행동에 대해 가장 먼저 접근해야 할 것은 'A: 선행사건'에 적은 환경이나 상황을 만들지 않는 것이다. 즉, 문제행동이 일어나지 않을 상황으로 바꾸는 것이다. 따라서 핵심은 문제행동이 이미 일어난 상황에서 대응하는 것이 아니라, 그 행동이 나타나지 않도록 사전에 환경을 바꾸고 대응책을 준비하는 것이다. '문제행동 중재의 80퍼센트는 사전에 대응책을 연구하는 것'이라고 해도 과언이 아니다. '사전 대응책 연구'란 문제행동이 일어나기 쉬운 상황이나 환경을 바꿔서 일어나지 않게 하는 것이다.

[사전 대응책 연구] 9가지 예시

1 미리 그날의 계획을 시각적으로 보여준다.

2 지시나 규칙을 시각적으로 보여준다.

3 문제행동을 유발하는 것이 있다면 제거한다.

4 아이가 관심 있는 것을 도입한다.

5 과제의 양, 레벨을 낮춘다.

6 미리 약속(행동계약)을 한다.

7 선택지를 제시하고 아이에게 선택하게 한다.

8 적절한 행동을 하기 쉽도록 지원 도구를 사용한다.

9 문제행동 피해를 최소화하도록 환경을 바꾼다.

사전 대응책
연구하기

다음은 일반적인 '사전 대응책 연구' 9가지 예시다.

1 미리 그날의 계획을 시각적으로 보여준다

일반적으로 그 자리에서 일과표를 알려주거나 수정하는 것
보다는 활동하기 전에 미리 알려주는 편이 아이의 불안을
줄일 수 있다. 예고할 때 말로만 전달하는 것보다 글이나 그
림으로 된 일과표를 제시하면 더 쉽게 전달할 수 있다.

2 지시나 규칙을 시각적으로 보여준다

전해야 할 지시나 규칙을 종이에 적거나 그림을 그려서 시
각적으로 정확하게 보여준다. 그러면 아이가 더 잘 이해하
고 적절한 행동을 보이기 쉽다.

3 문제행동을 유발하는 것이 있다면 제거한다

문제행동을 일으키는 특정한 자극을 제거한다. 예를 들
어 아이가 불쾌하다고 생각하는 소리나 타인의 낯선 시선,
공부방에 있는 만화책이나 피규어 같은 것이 해당될 수 있
다. 타인의 시선처럼 제거하기 어려운 경우는 자리를 옮긴
다. 소리의 경우는 소음방지 귀마개 같은 것을 사용하는
방법도 있다. 뒤죽박죽인 인쇄물이나 게시물로 된 표현을
정리하여 알기 쉽게 알려주는 것도 포함된다.

[사전 대응책 연구] 9가지 예시

4 아이가 관심 있는 것을 도입한다

과제를 하려는 동기를 부여하기 위해 아이가 좋아하는 캐릭터를 사용할 수도 있다. 글씨 쓰기를 힘들어하면 태블릿 단말기나 컴퓨터를 사용하는 학습법을 도입하여 바람직한 행동으로 이끌 수 있다.

5 과제의 양, 레벨을 낮춘다

과제에 대한 저항이나 거부감을 줄이기 위해서 과제의 분량을 줄이거나 레벨을 낮춘다.

6 미리 약속(행동계약)을 한다

PART I에 설명했듯이 사전에 약속하면 바람직한 행동을 증가시킬 수 있다. 그러기 위해서는 행동계약이 효과적이다. 행동계약은 아이 자신의 납득이 필요하다. 또한 내용을 잊지 않기 위해 시각화하고, 잘 보이는 곳에 게시해두는 등의 연구가 필요하다.

7 선택지를 제시하고 아이에게 선택하게 한다

아이에게 선택지를 주어서 스스로 결정할 수 있게 하면 과제에 대한 동기가 부여된다. 지적 지연이 있으면 실물(간식이나 작업에 사용하는 도구 등)을 제시하여 선택하거나 사진이나 그림카드, 글자카드로 선택하게 하는 등 아이의 수준에 맞게 진행한다.

8 **적절한 행동을 하기 쉽도록 지원 도구를 사용한다**

크게 확대한 프린트물이나 기입할 빈 공간이 그려진 답안
지 사용하기, 옷의 앞뒤를 알기 쉽게 표시하기, 요리할 때
볼 수 있는 레시피 카드 사용하기 등 아이가 바람직한 행
동을 수행하기 쉽도록 도구를 사용한다.

9 **문제행동 피해를 최소화하도록 환경을 바꾼다**

외출 시 길을 잃었을 때를 대비해 키즈폰을 가지고 다니게
하거나, 물놀이를 좋아하는 아이라면 마루가 젖지 않도록
방수요를 깔거나 목욕탕에서 물놀이를 하게 하는 등 문제
행동이 나타나도 피해를 최소화하도록 연구한다.

잠깐! TIP

 행동계약

행동계약(behavior contract)은 두 사람 사이에 어떤 타협을 한 후 그에 근거하여 계약을 체결하는 방법이
다. 즉 어떤 행동을 하면 강화를 받고, 그 행동을 하지 못하면 벌을 받거나 대가를 치러야 한다는 사실을 상
대방에게 미리 알려주는 하나의 과정이다. 행동의 결과로 주어지는 강화나 대가는 사회적인 것일 수도 있
고 물질적인 것일 수도 있다. 이때 가장 중요한 것은 바람직한 행동과 바람직하지 않은 행동의 결과로 어떤
보상이나 강화 혹은 벌을 받을 것인지를 두 사람이 사전에 합의해야 한다는 것이다.

[사전 대응책 연구] 기입 예시

실제로 '사전 대응책 연구'를 고민할 때는 앞에서 제시한 9가지 항목들을 참고하여 가족과 지도자가 함께 구체적인 아이디어를 주고받는 것이 좋다. 먼저 이 단계에서는 실제로 실행 가능한가의 여부에 관계없이 무엇이든 좋으니 문제행동이 일어나지 않을 수 있는 아이디어를 가능한 한 많이 생각해보자. 아래의 표는 '머리를 바닥에 박는다'라는 행동에 대해 '사전 대응책 연구'를 기입한 예시다. 개중에는 그다지 효과가 없어 보이거나 현실적으로는 시행하기 어려운 아이디어도 있지만, 이 단계에서는 크게 신경 쓰지 않아도 된다. 그중에서 바로 적용할 수 있고 효과적인 것을 최종적으로 선택하면 된다.

사전 대응책 연구 | **기입 예시**

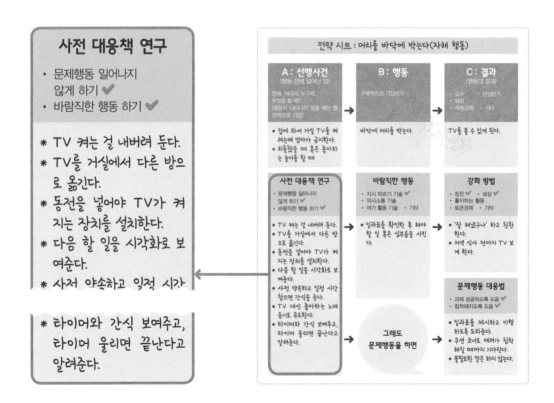

다른 사례를 보자. 아침에 옷을 갈아입는 데 30분 이상이 걸려서 거의 매일 혼나는 아이가 있다. 부모에게 구체적인 상황을 들어보니, TV를 켠 채로 거실에서 옷을 갈아입고 있었다. 즉 'A: 선행사건'은 'TV가 켜진 거실'에서 'B: 행동'이 '옷을 갈아입는 데' 'C: 결과'가 '30분 이상 걸린다'라고 할 수 있다.

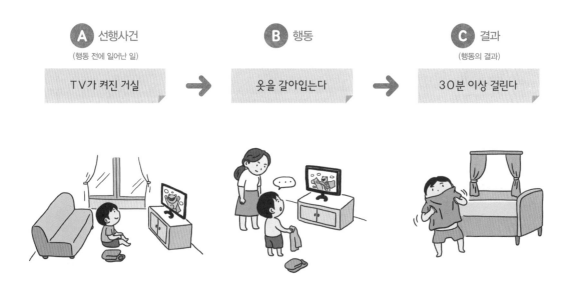

A 선행사건
(행동 전에 일어난 일)

B 행동

C 결과
(행동의 결과)

TV가 켜진 거실 → 옷을 갈아입는다 → 30분 이상 걸린다

이 사례에서는 'TV가 없는 침실에서 옷을 갈아입는다' 즉 장소를 바꿔보는 '사전 대응책 연구'를 통해 자연스럽게 옷을 늦게 갈아입는 문제를 해결할 수 있었다. 이렇게 문제행동이 일어나기 쉬운 환경을 바꿔주는 것만으로도 행동을 개선할 수 있다. 이 방법은 부모와 아이 모두에게 부담을 많이 덜어준다.

이처럼 사전에 대응책을 연구하는 것만으로도 문제행동을 많이 줄일 수 있다. 하지만 이 것만으로는 근본적인 해결이 되지 않는다. 문제행동은 단순히 금지한다고 해서 없어지지 않기 때문이다. 아이의 발달을 촉진하기 위해서는 문제행동을 대체할 적절한 행동을 반드시 스몰 스텝으로 천천히 하나씩 가르쳐야 한다.

문제행동 대체 행동 가르치기

가르치기도 쉽고 아이가 습득하기도 쉽게

바람직한 행동으로 바꾸는 방법에는 크게 '의사소통 기술', '여가 활동 기술', '지시 따르기 기술' 등 3가지가 있다. 아이의 문제행동 기능이 어디에 속하는지 파악한 후 이 3가지 중 어느 것으로 할지 생각한다. 방법을 고를 때 가장 중요한 것은 가르치기도 쉽고 아이가 습득하기도 쉬워야 한다는 점이다.

바람직한 행동 기입 예시

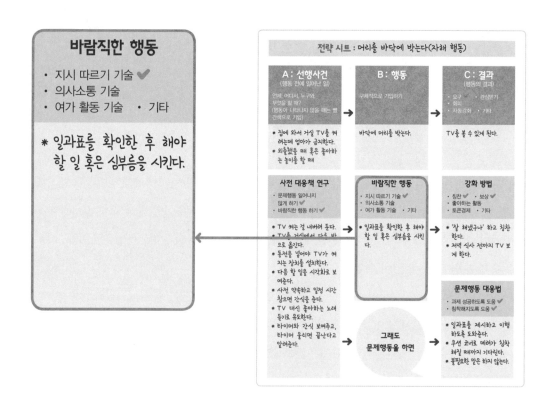

다음은 문제행동을 대체 행동으로 대체한 사례다. 먼저 지시 따르기 기술을 살펴보면, '사전 대응책 연구'에서 일과표를 작성해두고 아이가 집으로 돌아온 뒤에 해야 할 일이나 심부름을 시킨다. 즉, '① 가방을 제자리에 놓는다, ② 손을 씻는다, ③ 옷을 갈아입는다, ④ 벗은 옷은 빨래통에 넣는다'처럼 목표 행동을 설정하고, 이를 다 수행하면 'TV 켠다' 행동을 허락하는 것이다.

다음은 '의사소통 기술'로 바꾸면, TV 켜기를 금지당했을 때 '바닥에 머리를 박는다'라는 문제행동 대신 'TV 켜주세요'라고 말하게 하거나, 그림카드나 사진 등을 사용해 원하는 것을 요구하도록 가르치는 방법이다.

이때 문제행동의 기능에 초점을 두는 것이 중요하다. 문제행동이 '관심받기 기능', '회피 기능', '요구 기능' 중 어느 기능을 가지는지를 먼저 고려해야 한다. 그런 후에 '여기 봐주세요', '하기 싫어', 'OO을 하고 싶어' 등 '같은 기능을 가진 적절한 의사소통 행동'을 설정해준다.

하지만 '회피 기능' 경우에는 아이가 회피하지 않을 행동을 가르치는 것이 중요하다. 예를 들어 '수학 문제를 풀다가 모르는 문제가 나오면 자리에서 손톱을 깨문다'라면, '손을 든다'라는 행동을 하게끔 가르친다. 손을 들면 힌트를 주거나 조금 더 쉬운 문제를 풀게 함으로써 손톱 깨무는 행동을 줄일 수 있다.

문제행동을 대체하는 바람직한 행동의 조건

또 다른 방법인 '여가 활동 기술'로 대체한다면, '퍼즐 맞추기'나 '그림 그리기' 등 아이가 좋아하는 활동을 하게끔 할 수 있다. '딱히 할 일이 없이 심심한 상황에서 자해 행동을 한다' 라면 자동강화 기능의 가능성이 높으므로, 이럴 때는 자유 시간이나 기다리는 시간에 할 수 있는 적절한 여가 활동 기술이나 놀이를 가르치면 좋다.

문제행동을 대체하는 바람직한 행동은 되도록 그 문제행동과 동시에 할 수 없는 행동으로 정하는 것이 좋다. 즉, 식사 중에 자리에서 일어나서 주변을 놀아다니는 문제행동과 '앉아서 식사한다'라는 바람직한 행동은 동시에 할 수 없다. 따라서 '지하철에서 다른 사람을 힐끔힐끔 쳐다본다'라는 문제행동을 한다면, 동시에 할 수 없는 '휴대전화로 지하철 사진 보기'나 '이어폰을 끼고 게임기로 게임하기' 등의 대체 행동을 하게끔 한다.

처음부터 바람직한 행동으로 대체되지 않아도 괜찮다. 원래 하던 문제행동과 비교해서 문제가 되는 강도, 그 행동이 나타나는 시간을 조금씩 줄이는 것을 목표로 하자. 다음 사례를 보자. 컴퓨터 키보드로 노는 것을 좋아하는 아이가 자신이 예상한 소리와 다른 소리가 나면 키보드를 내팽개쳤다. 엄마가 "그만해!"라고 주의를 주어도 아이가 듣지 않았다. 몇 번이나 키보드를 내팽개쳐서 결국 고장이 났고 "고장 나서 이제 갖고 놀 수 없어"라고 말하니 이번에는 자기 손을 깨무는 자해 행동을 했다.

| 동시에 할 수 없는 행동으로 대체하기 |

지하철에서 다른 사람을 힐끔힐끔 쳐다보는 행동을 한다면,
동시에 할 수 없는 '휴대전화로 지하철 사진 보기'로 대체한다

이런 상황은 고치려면 먼저 환경을 조정해야 한다. 내 팽개치는 행동 자체를 할 수 없도록 키보드를 책상에 고정하였다. 그랬더니 아이는 원하지 않는 소리가 나올 때는 펄쩍 뛰는 행동으로 답답한 마음을 표현했다. 키보드를 내팽개치는 문제행동이 펄쩍 뛰는 행동으로 대체된 것이다. 키보드를 내팽개친 후 자해하는 것과 비교하면 명백하게 문제가 되는 정도가 낮아진 것이다. 바람직한 행동을 획득한 것은 아니지만, 이렇게 문제가 되는 정도를 조금씩 낮추면서 바꿔가는 방향성도 중요하다.

문제행동을 다른 행동으로 대체할 때 가장 중요한 것이 스몰 스텝이다. 스몰 스텝으로 목표 행동을 설정할 때는 몇 가지 원칙이 있다. 어떤 과제나 작업의 레벨을 올리면 그만큼 어려움이 증가한다. 과제의 양이나 시간을 늘린다거나 도움을 줄이는 것도 어려움을 증가시키는 것이다. 이 모든 것을 동시에 스텝 업하면 그 어려움은 배로 증가하게 된다. 신중하게 스텝 업하기 위해 이것을 하나씩 하나씩 변화시켜나가야 한다. 또한 대체할 바람직한 행동은 아이에게 부담이 되지 않아야 한다. '사전 대응책 연구'와 대조해보면서 아이에게 가장 쉽게 적용할 수 있는 것을 선택하자. 아이가 완전히 혼자서 할 수 있는 것을 목표로 하지 않아도 된다. 처음에는 가볍게 지시하거나 도움을 주면서 목표 설정을 하는 것이 좋다.

'사전 대응책 연구' 재정비하기

실행 가능한 것만 남기기

대체할 '바람직한 행동'을 결정한 다음, 처음 기입한 '사전 대응책 연구'를 검토해본다. 처음에 기입한 '사전 대응책 연구'란에는 다양한 아이디어가 적혀 있을 것이다. 이 아이디어 중에 실제 사용할 수 있는 아이디어만 남겨두고 나머지는 지운다. 그리고 '바람직한 행동'이 일어나기 쉽게 하는 또 다른 아이디어를 필요에 따라 추가하여, 최종적으로 실행 가능한 것만 남겨놓는다.

사전 대응책 연구 **재정비 예시**

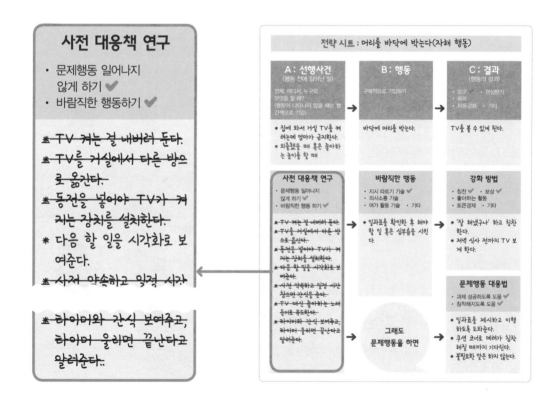

올바르게 강화하는 방법

바람직한 행동을 보이면 즉시 강화!

문제행동을 하지 않고 대체되는 바람직한 행동을 하더라도 그 행동을 강화하지 않으면 결국 다시 문제행동을 하게 된다. 바람직한 행동이 나타났을 때, 특히 초반에는 그 행동을 적극적으로 칭찬해주고 인정해주는 긍정적인 대응을 해야 한다. 또한 행동의 결과로 강화물, 즉 보상이나 좋아하는 활동을 얻을 수 있도록 바꿔주는 것도 아주 중요하다.

바람직한 행동은 즉시 강화할 것을 기억하자. 스티커나 점수를 줘서 학교 쉬는 시간이나 집에서 좋아하는 활동으로 교환할 수 있는 토큰제를 이용하는 것도 좋다. 토큰제에 대해서는 다음 PART IV에서 소개하는 사례를 참고한다.

바람직한 행동이 나타나면 적극적으로 칭찬해주고, 행동의 결과로
보상이나 좋아하는 활동을 얻을 수 있도록 조정해준다

문제행동이 일어났을 때의 대응

문제행동에 대해 미리 준비하기

지금까지 전략 시트를 사용한 여러 대응책을 소개하였다. 하지만 이것만으로는 완전하지 못하다. 또 문제행동을 예측할 수 있다 하더라도 사전에 계획한 대응을 100퍼센트 실행할 수 있다는 보장도 없다. 시간이 흐른 뒤에 '실수했다(계획대로 하지 못했다)'라고 생각하는 경우도 많을 것이다. 그래서 문제행동이 일어났을 때 냉정하게 대응할 수 있도록 미리 마음의 준비를 하고 구체적인 방법을 생각해두어야 한다. 대응 방법은 미리 가족과 공유하고 공통된 의견을 가져야 한다. 그래야 문제행동에 일관되게 대응할 수 있고, 악화되는 걸 막을 수 있다.

문제행동 대응책을 생각할 때는 먼저 'C: 결과(일어난 후)'를 확인해야 한다. 'C: 결과'는 문제행동을 오히려 강화하여 지속하는 요인을 기입하는 난이다. 따라서 문제행동이 나타났을 때는 더 이상 나빠지지 않도록 소거하는 것이 중요하다. 그런데 소거하게 되면 자칫 소거 폭발로 이어질 수 있다. 이때 문제행동이 일시적으로 강해지고 격해져서, 엉겁결에 요구 사항을 들어주다 보면 오히려 문제를 더 악화할 수 있다.

이때는 소거뿐 아니라 전략 시트의 '문제행동 대응법'을 동시에 시행한다. '바닥에 머리를 박는다' 경우 '행동했을 때의 대응'을 보면 자해 행동에 대해서는 대응하지 말고, 대신 다음에 할 활동을 적은 일과표를 보여준 후 도움을 준다. 목표 행동을 달성하도록 촉구하고, 성공하면 적극적으로 칭찬하고 강화한다.

점차 아이가 흥분하면서 문제행동이 심해지면 활용할 수 있도록 '침착해지도록 도움주기' 란에 장소나 방법을 기입한다. 이때 주의해야 할 점은, 침착해지는 장소가 아이에게 즐거운 곳이면 안 된다는 것이다. 예를 들어 아이가 침착해지도록 다른 방으로 데려갔다고 하자. 그런데 그 방에서 게임할 수 있으면 아이는 '바닥에 머리를 박으면 다른 방에서 좋아하는 게임을 할 수 있다'라고 생각하게 된다. 즉, 문제행동으로 TV 대신 또 다른 강화제를 얻게 된 것이다. 따라서 침착해지는 장소는 최대한 자극적인 조건이 없는 곳으로 한다. 그리고 침대나 방의 한구석에 쿠션을 놓는 등 아이가 머리를 박아도 상처가 나지 않을 만한 환경을 만들어둔다. 또한 아이가 짜증 낼 때 관심을 보이지 않는다. 말을 걸거나 설득하려 해도 아이의 귀에는 거의 들어가지 않는다. 오히려 말을 거는 자체가 아이를 더 흥분시킬 수 있다.

침착해지기는 타임-아웃으로도 사용할 수 있다.(칼럼 '타임-아웃' 128쪽 참고) 아이가 침착해지면 그다음에는 '과제를 성공할 수 있도록 도와주기'를 실행하고 강화한다.

 잠깐! TIP

탠트럼과 멜트다운

징징대기, 울기, 소리 지르기, 바닥에 뒹굴기 등 형태로 나타나는 탠트럼(tantrum 또는 temper tantrum)과 비슷해 보이지만 조금 다른 형태인 멜트다운(meltdown, 심리 탈진)이 있다. 떼쓰기와 달리 압도적인 감정, 감각, 정보가 밀려 들어와 이를 제어할 수 없어서 나타내는 감정적 폭주 상태를 말한다.

가정에서 실천할 때 유의 사항

결정한 중재 방법은 무조건 일주일 시행하기

이 책에서는 PART IV에서 실질적인 문제행동에 대한 ABC 분석과 대응 그리고 전략 시트를 소개하고 있다. 그러나 행동이 같아도 아이의 연령이나 발달 수준, 문제가 일어나는 원인이나 지속 요인, 행동의 기능이 다르므로, 당연히 대응도 다르다. 따라서 실전 대응법은 어디까지나 하나의 사례에 불과하다. 문제행동에 대한 중재도 하나의 사례일 뿐, 그대로 한다고 해서 해결되는 것은 아니다. 그래도 시행하다가 막힐 때는 PART I부터 PART III까지 다시 읽어본 후 전략 시트까지 실제 기록할 것을 적극 권장한다.

한번 중재 방법을 결정했으면 당분간 계속 실행하는 것이 중요하다. 매일 일어나는 행동이라면 최소 일주일 정도는 해야 한다. 전략 시트에 의한 대응은 '사전 대응책 연구'만으로도 효과를 볼 수 있으므로, 일단 실행하기 쉬운 것부터 시작한다. 또 중재 절차는 누가 하더라도 일관된 방법을 유지한다. 바닥에 머리를 박을 때 '엄마는 안 되지만 아빠는 TV를 보게 해준다'거나 '가끔은 틀어준다' 등을 아이가 경험하면 그 문제행동은 더욱 지속될 것이다. 따라서 한번 결정한 중재 절차는 가족 모두 공통으로 대응하도록 철저하게 준비한다.

잠깐! TIP

 토큰경제

토큰경제(token economics)는 행동 치료 목적으로 응용되는 토큰 프로그램으로 경제 원리를 따른다. 원하는 목표 반응을 설정하고 그러한 행위를 했을 때는 명확하게 대가를 지불하는데, 대가로 받은 토큰이나 점수는 강화물과 교환이 가능하다. 일반적으로 토큰경제는 유관계약(부정적인 행동을 감소시키는 것보다 긍정적인 행동을 강화하는 데 초점을 둠)을 내포한다.

프로그램대로 되지 않을 때도 있을 것이다. 또 일정 기간 진행해도 효과가 없을 때도 있을 것이다. 그럴 때는 프로그램을 재정비한다. 프로그램을 재정비할 때는 다음과 같이 전략 시트의 하단을 수정한다.

1 '사전 대응책 연구' 설정을 다시 한다

2 바람직한 행동을 달성하기 쉽도록 레벨을 낮춘다

3 바람직한 행동에 대한 '강화'를 더 효과적인 것으로 바꾼다

4 문제행동이 일어났을 때 대응책에 대해 다시 생각한다

문재행동 중재의 종결과 스텝 업

성공했다 해서 방심은 금물!

프로그램이 잘 진행되어 목표를 달성해도, 문제행동을 완전히 개선하기 위해서는 그 프로그램을 당분간 지속할 필요가 있다. 문제행동이 장기적으로 습관화되었다면 일정 기간이 지난 뒤에 다시 나타날 수 있다. 또 복수의 상황에서 일어나는 행동에 대해 특정한 상황에서만 접근하는 경우, 다른 상황에서도 그 행동이 소거되는지 확인해볼 필요가 있다.

예를 들어 '바닥에 머리 박는' 문제행동이 중재를 시작한 'TV 금지' 상황에서는 소거되고 바람직한 행동으로 대체되었다 해도, '먹고 싶은 간식이 아닌 다른 간식이 나올 때', '게임하고 있는데 목욕하라고 할 때'는 어떤 행동을 하는지 확인해야 한다. '목욕하라고 할 때'는 '회피의 기능'을 가진 행동이기 때문에 목욕하는 환경에 대한 사전 대응책 연구(물의 온도 낮추기, 얼굴에 물이 묻지 않게 머리 감기기 등)를 하고 강화 방법으로 '목욕 후에 좋아하는 주스 마시기'와 같이 조금씩 응용 방법을 생각하면 문제행동을 줄일 수 있다.

이렇게 한 가지 상황에서 성공했다 해도, 방심하지 말고 다시 한번 전반적인 행동을 관찰하고 기록하면서 하나하나 확실하게 진행한다. 장기전으로 느낄지 모르지만, 조금 시도한 다음 포기하면 다시 문제행동으로 돌아갈 수 있으므로 가족이 서로 격려하고 협력하면서 진행한다.

다음 PART Ⅳ에서는 여러 가지 다양한 문제행동에 대한 ABC 분석과 접근 방법을 소개하였다. 내용을 참고하여 전략 시트를 작성해서 아이의 문제행동에 어떻게 접근할지 생각해 보자. 실제 전략 시트를 작성할 때는 '중재 전'과 같은 방법과 같은 시간대에 기록해서 중재의 효과를 판단해야 한다. 기록한 결과, 혹여 효과를 보지 못했더라도 다른 접근 방법도 있다는 것을 기억하자.

전략 시트 :

A : 선행사건 (행동 전에 일어난 일) 언제, 어디서, 누구와, 무엇을 할 때? (행동이 나타나지 않을 때는 빨 간색으로 기입)	B : 행동 구체적으로 기입하기	C : 결과 (행동의 결과) • 요구 ☐ • 관심받기 ☐ • 회피 ☐ • 자동강화 ☐ • 기타 ☐

→

사전 대응책 연구 • 문제행동 일어나지 않게 하기 ☐ • 바람직한 행동 하기 ☐	바람직한 행동 • 지시 따르기 기술 ☐ • 의사소통 기술 ☐ • 여가 활동 기술 ☐ • 기타 ☐	강화 방법 • 칭찬 ☐ • 보상 ☐ • 좋아하는 활동 ☐ • 토큰경제 ☐ • 기타 ☐

문제행동 대응법

• 과제 성공하도록 도움 ☐
• 침착해지도록 도움 ☐

→ 그래도
문제행동을 하면 →

문제행동을 일으키기 전에

전조가 되는 행동이 있을 때는

그 행동부터 대응하는 것이 훨씬 쉽다

PART IV

문제행동 중재하기

〜〜

Q&A 실전 전략 39

Q 01 폭언하거나 폭력적으로 변해요

> 초등학교 4학년 일반 남자아이고 고집이 센 편입니다. 게임하고 있을 때 밥 먹으라고 하거나 목욕하라고 하면 폭언을 합니다. "시끄러워! 닥쳐!" "망할 할망구!" 등 심한 말을 할 때도 있습니다. 저도 욱해서 큰 소리로 호통을 치기도 합니다. 간혹 아이가 감정이 더 격해지면 저를 때리려고 할 때도 있습니다. 아이 스스로 게임 자체를 그만둘 때도 있는데 이때는 그러지 않습니다.

아이가 흥분 상태에서 하는 폭언은 '그 정도로 힘들다! 불안하다!
싫다!'라는 표현이므로 마음 쓰지 않는다

A 01 폭력 전 단계인 폭언에서 대응책을 세운다

대부분의 폭력적인 행동은 갑자기 일어나는 것이 아니라 전조가 되는 행동이 있다. 이 사례도 폭언에서 폭력으로 발전하고 있다. 더욱이 사춘기라면 폭력 자체에 부모, 특히 엄마가 힘으로 대항하기에는 무리가 있다. 힘으로 막으려 하다가 오히려 흥분을 더 높일 수 있고, 무엇보다 위험하다. (34. 인터넷 게임을 너무 많이 해요, 234쪽 참고)

문제행동을 일으키기 전에 전조가 되는 행동이 있을 때는 그 행동부터 대응하는 것이 훨씬 쉽다. 만약 폭력이 일어나면 똑같이 폭력을 쓰거나 과잉된 목소리로 소리치는 대응을 하지 않는 것이 기본이다. 반드시 침착해질 수 있는 절차(cool down)로 중재한다. 여기서는 전조 행동인 폭언에 대한 중재 방법을 단계별로 정리하였다.

인지 능력이 높은 아이가 하는 폭언은 부모가 견디기 힘들고 용서하기 어려운 내용이 많을 것이다. 하지만 흥분 상태에서 하는 폭언을 굳이 해석하거나 마음에 담아두지 말자. 부모의 정신 상태를 더 나쁘게 할 뿐이다. '그 정도로 나(대상 아동)는 힘들다! 불안하다! 싫다!'라는 정도로 인식하고 ABC 분석에 의한 기능에 주목한다.

아이가 폭언한 내용에 휩쓸려 주변이 동요하거나 흥분하여 같이 폭언을 하면 오히려 행동을 더 악화하게 된다. 폭언 자체를 해석하지 말고, 아이의 힘든 점에 공감하며 냉정하게 대응하는 것이 중요하다.

Step 1 ABC 분석으로 문제행동 객관화하기

이 사례는 아이가 게임하고 있을 때 엄마가 밥 먹으라고 하거나 목욕하라고 하면 대체적으로 폭언 행동을 일으킨다. 이 행동은 '폭언하면 게임을 그만두지 않아도 되거나, 엄마의 지시가 줄어들거나, 목욕하지 않아도 된다'는 회피 기능이다.

| 회피 기능 |

Step 2 바람직한 행동 정하기

아이는 언제든 맘만 먹으면 게임을 스스로 그만둘 수 있다. 사전에 정한 행동계약에 따라 바람직한 행동은 '폭언하지 않고 정해진 시간까지만 게임하고 목욕한다'가 된다.

Step 3 사전 대응책 연구하기

엄마가 목욕하러 가라고 지시하는 것 자체가 아이에게 혐오적으로 받아들여질 수 있다. 문제행동을 일으키지 않도록 다음 방법을 사용해보자.

| 폭언 등 문제행동 막는 대응법 |

"~ 해!"와 같은 감정적인 명령조보다는 "8시에 목욕할래? 아니면 8시 15분?" 등과 같이 A or B로 선택할 수 있는 질문으로 아이 스스로 선택하게 한다.

직접 말을 거는 것이 아닌 문자로 지시하거나 타이머로 대체하기 등을 시도한다.

이외에 바람직한 행동으로 유도하는 방법에는 행동계약과 일과표 제시가 있다. (알아보기 '행동계약', 91쪽 참고)

| 바람직한 행동으로 유도하는 방법 |

행동계약에 아이 스스로 지키기 쉬운 목표를 설정(게임하는 시간이나 목욕하는 시간 등)하고, 이를 잘 실천하면 생기는 '보상'을 같이 정한다. 아이가 계약 사항을 납득하면 이를 반드시 문서화한다.

하루 일과표를 만든 후 해당 시간이 되면 그림카드 등으로 아이가 할 일을 알려준다. 일정을 잘 지키면 토큰경제를 실시하여 강화한다.

자해／가해

문제행동에 대응하기

대응 방법으로 ① 폭언은 안 했지만 게임을 멈추지 않는 경우, ② 폭언하고 게임도 멈추지 않는 경우, ③ 폭언에서 폭력으로 발전하고 게임도 멈추지 않는 경우 등으로 나눠서 생각한다.

1 폭언은 안 했지만 게임을 멈추지 않는 경우

좋은 타이밍을 기다리자

게임을 멈추게 하기 좋은 타이밍이 올 때까지 일정 시간 동안 기다렸다가 게임을 멈추게 한다.

2 폭언하고 게임도 멈추지 않는 경우
3 폭언에서 폭력으로 발전하고, 게임도 멈추지 않는 경우

조금 있다가 다시 시도해보자

약간의 시간 간격을 두고 사전에 연구한 내용을 다시 시도한다. 연구 내용은 A or B 식의 질문이나 다른 대체 방법 지시하기 등이다.
　다시 시도해도 강한 폭언과 폭력이 일어났다면 그 행동을 멈추게 하는 것을 최우선 목표로 하고, 절차를 처음부터 되돌아본다.

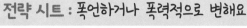

전략 시트 : 폭언하거나 폭력적으로 변해요

A : 선행사건 (행동 전에 일어난 일)	B : 행동	C : 결과 (행동의 결과)
언제, 어디서, 누구와, 무엇을 할 때? (행동이 나타나지 않을 때는 빨 간색으로 기입)	구체적으로 기입하기	• 요구 • 관심받기 • 회피 • 자동강화 • 기타
혼자 게임하는데 엄마가 "게 임 그만하고 목욕해"라고 말 했을 때	엄마에게 폭언한다.	＊ 게임을 계속한다. ＊ 엄마 지시가 줄어든다. ＊ 목욕하지 않는다.

사전 대응책 연구	바람직한 행동	강화 방법
• 문제행동 일어나지 　않게 하기 ✔ • 바람직한 행동 하기 ✔	• 지시 따르기 기술 ✔ • 의사소통 기술 • 여가 활동 기술 • 기타	• 칭찬 ✔ • 보상 • 좋아하는 활동 • 토큰경제 ✔ • 기타
＊ 감정적인 명령조로 말하지 　말고, 온화하게 이야기한다. ＊ '8시에 들어갈래? 아니면 　8시 15분?' 등 자기가 결 　정할 수 있는 방법으로 질 　문한다. ＊ 문자로 지시한다. ＊ 타이머로 시간을 정한다. ＊ 게임이나 목욕 일정표를 정 　해두고 해당 시간에 알려 　준다. ＊ 아이와 행동계약을 한다.	＊ 폭언하지 않고 9시까지 　게임하고 목욕한다. ＊ 이 상황을 미리 행동계약 　으로 아이와 약속해둔다.	＊ "목욕 빨리 해줘서 엄마 　가 너무 고맙다" ＊ 토큰경제를 활용하여 30 　개 모으면 아이가 좋아하 　는 새로운 게임팩을 사주기 　로 한다.

문제행동 대응법

• 과제 성공하도록 도움 ✔
• 침착해지도록 도움 ✔

 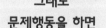

그래도
문제행동을 하면

＊ 폭언 X, 게임 O : 게임을
　멈출 타이밍을 기다렸다가
　멈추게 한다.
＊ 폭언 O, 게임 O : 행동계
　약을 지키지 않은 것을 아
　이에게 알려주고, 벌칙을
　적용한다.

Q 02　형제끼리 싸움이 끊이질 않아요

> 　초등학교 1학년 일반 남자아이고 뭔가를 확신하면 끝까지 믿는 경향이 강합니다. 두 살 어린 남동생이 있는데, 둘이 사이좋게 놀 때도 있지만 싸움이 끊이질 않습니다. 힘 조절도 없이 서로 때리고 밟아서 상처 입는 일도 있습니다. 동생을 때린 이유를 물으면 '장난감을 주지 않아서', '내 비밀 기지에 들어가서' 등으로 말합니다. 아무리 야단쳐도 '나는 잘못하지 않았어!'라며 인정하지 않습니다.

때린 이유를 이야기한 행동은 칭찬하고, 혼낼 때는 무조건 혼내는 것이
아니라 아이 스스로가 혼나는 이유를 납득할 수 있도록 이야기해준다

A 02   사이좋게 놀고 있을 때는 확실하게 칭찬한다

형제가 사이좋게 놀고 있을 때는 부모가 그냥 지나치기 쉽다. 하지만 두 아이 모두 칭찬하는 행동이 아주 중요하다. 형제끼리 충돌이 일어날 만한 상황을 예측할 수 있다면, 노는 범위를 사전에 정해서 그 안에서만 놀도록 약속하는 등 서로 부딪히지 않게 어느 정도 거리를 두는 방법을 생각해보자.

또 형이 동생을 때린 이유를 말한 것은 강화해줘야 할 부분이다. 따라서 때린 이유를 이야기한 행동을 칭찬한다. 혼낼 때도 무조건 혼내는 것이 아니라 아이 스스로가 혼나는 이유를 납득할 수 있도록 이야기해줘야 한다. 형에게 맞은 동생에 대한 대응도 필요하다.

Step 1   **ABC 분석으로 문제행동 객관화하기**

이 사례 경우 아이가 동생이 갖고 노는 장난감을 가지려고 때린 것은 장난감을 가지려는 요구 기능이다. 또 자기 비밀 기지에 동생이 들어오는 것을 싫어해서 동생을 때려 쫓아낸 것은 회피 기능이다.

| 요구 기능 |

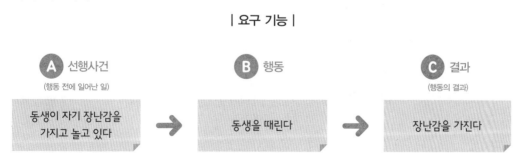

| 회피 기능 |

A 선행사건
(행동 전에 일어난 일)

자신의 비밀 기지에
동생이 들어오려 할 때

B 행동

동생을 때린다

C 결과
(행동의 결과)

비밀 기지에서 동생이
나간다

Step 2 **바람직한 행동 정하기**

여기서 바람직한 행동은 아이의 요구나 회피 기능을 적절한 의사소통 행동으로 바꿔주는 것이다. 어른에게 상담하기, 행동계약 맺기, 각자 좋아하는 것을 하며 놀 수 있는 여가 활동 기술 가르치기 등이 목표가 된다.

바람직한 행동으로 부모와 상담하기,
행동계약 맺기 등을 시도해보세요

특정한 장난감을 꼭 가지지 않아도 되게끔 각자 다른 장난감을 가지고 놀 수 있도록 준비해두거나, 형제가 노는 방이나 공간을 분리하는 방법 등을 생각할 수 있다.

'빌려줘', '하지 마'라고 말할 수 있는 경우라면, 실제로 그렇게 말하는 연습을 동생과 역할놀이로 시도해보는 것도 좋다. 동생과 같이 연습하면 '빌리다', '빌려주다'라는 양쪽 입장의 의사소통 기술을 연습할 수 있다.

하지만 부탁하더라도 항상 상대방이 건네줄 거라는 보장은 없다. 아이들끼리 해결하지 못하는 때를 위해 '어른과 상담하기'라는 기술을 가르친다. '엄마에게 말한다'라는 행동은 꼭 형만 하는 것이 아니라, 싸우다가도 엄마에게 가서 말할 수 있는 사람이 먼저 하도록 한다.

빌려주고 받는 상황에서는 빌려준 쪽을 반드시 칭찬해주는 것이 중요하다.

행동계약으로 '사이좋게 놀기' 목표를 설정했다면 '어떤 상황에서 무엇을 하면 되는지, 안 되는지'를 구체적으로 적어 잘 보이는 곳에 붙여놓는다. 처음에는 약속을 잘 지키도록 짧은 시간을 정하고, 지킬 때마다 강화한다. '5분간 싸우지 않고 사이좋게 놀면 둘에 스티커 한 장씩'처럼 모두가 강화받을 수 있도록 한다.

Step 4 문제행동에 대응하기

행동계약에 따라 계속 싸우고 동생을 때린다면 '모아둔 스티커를 잃는다'라는 방법을 쓸 수 있다. 이것을 '반응 대가(response cost)'라고 부른다.

문제가 생겼을 때는 양쪽이 말하는 것을 모두 들어주되, 가능한 한 장소와 시간을 나눠서 따로따로 이야기를 듣는다.

형의 이야기를 충분히 들은 후에는 카툰 등 시각적인 방법을 사용해 싸움의 원인을 아이에게 이해시킨다. 그런 후 '어떻게 하면 동생을 때리지 않고 해결할 수 있을까'에 대해 같이 생각해보고 적절한 대응 방법을 연습한다.

전략 시트 : 형제끼리 싸움이 끊이질 않아요

A : 선행사건
(행동 전에 일어난 일)

언제, 어디서, 누구와.
무엇을 할 때?
(행동이 나타나지 않을 때는 빨
간색으로 기입)

* 동생이 자기 장난감을 가
  지고 놀고 있을 때
* 자신의 비밀 기지에 동생
  이 들어오려 할 때
* 간식 먹을 때, 함께 영화
  볼 때 싸우지 않음

B : 행동

구체적으로 기입하기

동생을 때린다.

C : 결과
(행동의 결과)

* 요구 ✔ · 관심받기
* 회피
* 자동강화 · 기타

* 장난감을 다시 갖게 된다.
* 비밀 기지에서 동생이 나
  간다.

사전 대응책 연구

· 문제행동 일어나지
  않게 하기 ✔
· 바람직한 행동 하기 ✔

* 엄마가 지켜보는 곳에서 놀
  게 한다.
* 똑같은 장난감을 2개씩
  준비한다.
* 각각 놀 영역을 나눠준다.
* '빌려줘', '하지 마' 같은 적
  절한 의사소통 방법을 알
  려준다.
* 문제 생기면 바로 엄마에
  게 도움 청하게 한다.
* 사이좋게 놀겠다는 약속을
  종이에 구체적으로 적는다.
  이때 행동계약이나 토큰경
  제로 미리 정한다.

바람직한 행동

· 지시 따르기 기술 ✔
· 의사소통 기술 ✔
· 여가 활동 기술 ✔ · 기타

* '빌려줘', '하지 마'라고 말
  한다.
* 엄마에게 도움 청하러 간다.
* 정해진 시간 동안은 싸우
  지 않고 사이좋게 논다.
* 각자 다른 장소에서 논다.

강화 방법

· 칭찬 ✔ · 보상
· 좋아하는 활동 ✔
· 토큰경제 ✔ · 기타

* '사이좋게 잘 놀고 있구나'
  라고 수시로 칭찬한다.
* 약속 사항을 잊게 하여
  확인시킨 후 칭찬한다.
* 형제에게 각각의 캐릭터
  스티커를 준다.
* 스티커를 다 모으면 외식하
  러 나간다.

문제행동 대응법

· 과제 성공하도록 도움 ✔
· 침착해지도록 도움 ✔

그래도
문제행동을 하면

* 다른 방으로 각각 데려간다.
* 상황을 듣고 약속한다.
* 원인과 해결 방법을 시각
  적으로 알려준다.

Q03 자기 머리를 때려요

> 중도의 지적장애가 있는 6세 남자아이입니다. 말은 하지 못합니다. 주로 거실에서 지내는데 혼자 있을 때나 할 일 없이 무료할 때 자기 손톱을 물어뜯거나 머리를 때립니다. 손을 붙잡고 못 하게 해도, 아무리 하지 말라고 타일러도 뒤돌아보면 계속하고 있습니다.

아이가 좋아하는 감각놀이를 가르칠 때 손 조작이 잘 안 되거나
힘 조절이 어려우면 조작이 쉬운 장난감으로 바꿔준다

A 03 적절한 감각놀이를 가르친다

자해 행동의 기능에는 '① 요구 기능(원하는 것이나 활동을 손에 넣고 싶을 때), ② 회피 기능(싫은 것을 거부할 때), ③ 관심받기 기능(관심받고 싶을 때), ④ 자동강화 기능(심심할 때)' 등이 있는데, 이 모든 경우를 생각해본다. 이때 하나의 행동이 복수의 기능을 갖기도 해서 각각의 기능별로 평가가 필요하다.

기본 대응법으로 ①~③ 기능은 의사소통 행동으로 바꿔주고 ④ 자동강화 기능은 적절한 놀이 행동으로 바꿔주는 것이 바람직하다.

아이가 어떤 놀이를 좋아하는지 알아보려면 청각, 시각, 촉각 등 다양한 감각을 자극하는 아이템을 제시하고, 어느 것을 선택하는지 지켜본다. 아이가 좋아하는 것을 알게 되면 그것으로 놀 수 있도록 놀이 방법을 가르친다.

아이 중에는 손 조작이 잘 안 되거나 힘 조절이 어려운 경우가 많다. 그럴 때는 스위치 버튼이 커서 조작이 쉬운 장난감으로 바꿔준다. 던지는 장난감은 고장 나지 않는 고무 소재나 아예 고정하는 방법 등을 사용한다.

 Step 1 **ABC 분석으로 문제행동 객관화하기**

이번 사례의 자해 행동은 혼자 있거나 달리 할 일 없이 무료할 때 일어나는 행동으로 자동강화 기능이다. 자해 행동으로 생기는 감각 자체가 강화제가 된 셈이다. 전략 시트 'A: 선행사건(일어나기 전)' 부분에 기입한 것처럼 아이가 좋아하는 활동을 할 때는 자해 행동이 나타나지 않는다. 따라서 아이가 좋아하는 적절한 행동을 늘리는 것이 해결 열쇠다.

| 자동강화 기능 |

A 선행사건		**B** 행동		**C** 결과
(행동 전에 일어난 일)				(행동의 결과)
혼자 있을 때, 특히 딱히 할 일이 없을 때	→	자기 머리를 때린다	→	감각적으로 기분이 좋아진다

Step 2 바람직한 행동 정하기

자해 행동으로 생기는 감각적인 강화제보다 더 강력한 강화제가 되는 놀이를 찾는 것이 중요하다. 아이 스스로 이런 활동을 선택해서 놀 수 있도록 하는 것이 목표다.

Step 3 사전 대응책 연구하기

| 사전 환경 설정의 예시 |

촉각계의 감각을 좋아하는 아이라면 쿠션이나 느낌이 좋은 이불 등을 놓고 뒹굴뒹굴할 수 있는 공간을 만들어보자. 쿠션이나 이불을 손이나 발로 만져보거나 접어보고 덮어보거나 하는 행동들이 감각 자극 놀이가 된다.

| 사전 환경 설정의 예시 |

소리 나는 장난감들로 시도하는 것도 좋다.

| 감각 자극을 소거하는 5단계 |

1단계 머리 때리는 것으로 생기는 감각 자극 경우 헤드기어 같은 머리보호대를 쓰도록 해서 그 자극을 소거시킨다. 이때 감각 소거는 효과적이지만, 하나의 감각을 소거해도 다른 감각 자극을 추구하기 위해 별도의 문제행동을 일으킬 때가 있다. 예를 들면 헤드기어를 씌우면 자신의 허벅지를 세게 때리거나 발을 바닥에 쿵쿵거리는 행동이 나타나는 식이다.

2단계 이때는 적절한 감각 자극 놀이의 아이템을 찾아서 노는 시간을 조금씩 늘려준다.

3단계 아이템은 아이 스스로 선택해야 한다. 처음에는 여러 개의 실물 물건 중에서 선택하게 한 후 점차 사진이나 그림카드로 선택할 수 있도록 발전시킨다.

| 감각 자극을 소거하는 5단계 |

4 단계 장난감 등의 물건은 던지거나 떨어뜨리면 고장 날 위험이 있다. 태블릿이나 키보드는 나사로 책상에 고정하고, 장난감은 긴 끈으로 묶어두는 등 고장나지 않게 갖고 노는 방법 등을 연구한다.

5 단계 산책이나 드라이브도 좋고, 목욕탕 물놀이 등 장소를 바꿔보는 것도 좋다. 단, 이 방법을 할 때는 반드시 어른이 같이 있어야 한다.

Step 4 문제행동에 대응하기

이미 문제행동이 일어났을 때는 무엇보다 감정적으로 대응하지 않도록 주의한다. 아이가 침착해질 수 있도록 장소를 바꿔보는 등의 방법으로 천천히 중재해간다.

전략 시트 : 자기 머리를 때려요

A : 선행사건
(행동 전에 일어난 일)

언제, 어디서, 누구와,
무엇을 할 때?
(행동이 나타나지 않을 때는 빨
간색으로 기입)

* 혼자 있을 때, 특히 딱히
  할 일이 없을 때
* 밥 먹을 때, 목욕할 때,
  드라이브할 때는 하지 않
  는다

B : 행동

구체적으로 기입하기

자기 머리를 때린다.

C : 결과
(행동의 결과)

* 요구   * 관심받기
* 회피
* 자동강화 ✔ * 기타

감각적으로 기분이 좋아진다.

사전 대응책 연구

* 문제행동 일어나지
  않게 하기 ✔
* 바람직한 행동 하기 ✔

* 뒹굴뒹굴할 수 있는 공간
  만들어준다.
* 좋아하는 감각놀이를 선택
  한다.
* 장난감을 던지거나 떨어
  뜨리지 않게 고정한다.
* 아이템은 실물로 제시한다.
* 드라이브나 산책 자주 한다.

바람직한 행동

* 지시 따르기 기술
* 의사소통 기술
* 여가 활동 기술 ✔ * 기타

* 좋아하는 아이템을 선택
  해서 논다.

강화 방법

* 칭찬 ✔   * 보상
* 좋아하는 활동 ✔
* 토큰경제   * 기타

* '잘 선택했구나' 하고 칭찬
  한다.
* 좋아하는 활동을 하게 해
  준다.

문제행동 대응법

* 과제 성공하도록 도움 ✔
* 침착해지도록 도움 ✔

* 다른 선택지 제시한다.
* 심할 경우 가볍게 막는다.
* 쿠션 코너에 데려가서 조
  용해질 때까지 기다린다.
  이때 불필요한 말은 하지
  않는다.

그래도
문제행동을 하면

Q04 집요하게 요구하면서 엄마를 때려요

" 경도의 지적장애가 있는 만 5세 남자아이입니다. 찾던 장난감을 못 찾거나 갖고 놀던 장난감이 고장 나는 등 어쩔 수 없는 상황인데도 어떻게든 해결해달라고 집요하게 요구합니다. 어떨 때는 저를 때리곤 합니다. 저도 답답하고 잘못인 줄 알지만, 아이가 저를 때리면 저도 같이 때립니다. 매일 피곤하고 점점 지쳐갑니다. "

아이의 무모한 요구에 대해서는 부정도 긍정도 하지 말고
아이의 상한 기분을 달래줄 수 있는 말만 반복해준다

A 04 다른 장소로 데려가서 기분을 달래준다

사전에 환경을 완벽하게 바꿨다고 해도 예상치 못한 사태는 일어나기 마련이다. 어쩔 수 없는 것을 집요하게 요구하며 때리면 부모가 심리적으로 궁지에 몰린다. 그렇다고 같이 때리는 행동은 절대 하면 안 된다.

여기서 대응 포인트는 여가 활동 같은 적절한 행동을 늘리는 것이다. 그런데도 문제행동이 계속 일어났다면 더 강화하지 말고 침착해지도록 기분을 전환시킨다. 그러기 위해 가장 먼저 장소를 바꿔준다. 아이에게 불쾌한 일이 벌어진 '현장'에서의 상호작용은 그 상태가 그대로 남아 있기 때문에 더 흥분할 수 있다. 옮기는 장소는 최대한 자극이 적은, 아무것도 없는 방이 좋다.

아이의 무모한 요구에 대해서는 부정도 긍정도 하지 말고 아이의 상한 기분을 달래줄 수 있는 말만 반복해준다. 예를 들어 아이가 뭐라고 말해도 "그래서 속상했구나"처럼 같은 말을 반복한다. 이것을 통상 '브로큰 레코드(broken record, 같은 말을 되풀이함)' 방법이라고 한다. 또한 아이의 기분을 진정시키기 위해 이불이나 담요같이 자극을 차단해줄 수 있는 물건을 건네준다.

이때 때리는 행동이 나타나면 부모는 그 자리에서 벗어나 아이 혼자 진정하게 한다. 만약 아이가 부모를 집요하게 따라다니면서 때린다면 아예 다른 방으로 피한다. 짜증이 잦아들면 그때 아이에게 가서 차분해진 것을 적극 칭찬하면서 강화해준다.

한편, 한창 짜증을 낼 때 아이를 진정시키기 위해 간식이나 좋아하는 물건을 주면, 그 자체가 강화제로 작용하여 짜증이 더 심해지는 동기가 되므로 좋지 않다. 짜증이 점점 강해지고 부모가 중재하기에 무리라고 생각될 때는 반드시 전문 기관과 상담한다.

잘못 알고 있는 타임-아웃

타임-아웃에 대해 잘못 알고 있는 부모가 많다. 타임-아웃은 감정적으로 혼내거나 벌을 주는 교육 방법을 하지 않기 위해 사용하는 방법이다. 아이를 방이나 옷장 안에 무리하게 가두는 것이 절대 아니다. 타임-아웃은 부적절한 행동 직후에 일정 기간 강화제 접근을 금하는 절차의 하나다. 보드게임 할 때 벌칙으로 자기 순서를 건너뛰는 것처럼, 그 자리에 있으면서 좋아하는 것에 접근하지 못하게 하는 절차를 '차단형 타임-아웃'이라고 한다. 아이스하키의 페널티처럼 별도의 장소로 이동해서 접근하지 못하게 하는 절차는 '격리형 타임-아웃'이다.

처음 타임-아웃을 쓸 때는 짧게 하는 것이 좋다. 하지만 부적절한 행동을 했을 때 시행하는 것이 굉장히 중요하다. 즉 아이가 좋아하는 것을 하다가 부적절한 행동을 했을 때 타임-아웃을 시행해야 효과적이다. 자주 사용하는 타임-아웃 방법은 벽을 보고 일정 시간 서 있게 하는 것이다. 타임-아웃의 규칙은 아이가 이해할 수 있도록 사전에 전달하고, 실시할 때도 간략하게 알려줘야 한다. 타임-아웃 시간을 부모와 같이 세거나 타이머를 이용해도 좋다.

타임-아웃을 적용하면 절대 안 되는 상황

타임-아웃을 하면 싫어하는 것을 회피할 수 있는 경우다. ABC 분석으로 알아보면, A: 아이가 싫어하는 수업에서 B: 떠들면, C: 타임-아웃 당해서 교실 밖으로 나가니 수업에 참가하지 않아도 된다. 타임-아웃은 기본적으로 '좋아하는 강화제로부터 멀어지는 절차'이기 때문에, 혐오제로부터 도망가기 위한 행동으로는 적용되면 안 된다.

또 A: 아이가 싫어하는 수업에서, B: 떠들면, C: 타임-아웃 당할 때 반 친구들이나 선생님의 대응이 '관심받았다'라는 강화제가 되어 오히려 역효과가 난다. 타임-아웃을 적용할 때 지도자의 행동이 관심이라는 강화제가 되지 않게 하려면 '~했기 때문에 타임-아웃하는 거야'라고만 말해주고, 화내지 않고 담담하게 타임-아웃하는 장소로 가게 하고, 타임-아웃 중에도 절대 관심을 주지 않아야 한다.

타임-아웃을 도입할 때나 한창 타임-아웃 중일 때 소리치거나 공격적인 행동이 나타날 수도 있는데, 이때 관심을 보이거나 말('하지 마!' 등)을 걸어서 타임-아웃을 잘 지키지 못하면 점점 문제행동이 악화할 뿐이다. 타임-아웃 동안에 문제행동이 심해져서 부모가 포기해버리면 그것 또한 역효과다.

타임-아웃은 아이가 유아기 시기로 나이가 어리고, 부적절한 행동에 대해 부모가 매우 빠르고 일관되게 대응하고, 억제할 수 있을 때 적용한다.

부적절한 행동을 없애기 위해 타임-아웃 절차를 단독으로 적용하는 것은 효과적이지 못하다. 타임-아웃은 부적절한 행동이 나타날 때 하는 절차이기 때문에 아이는 타임-아웃을 통해 많은 실패 경험을 겪는다. 대부분 아이가 실패의 경험이 쌓이면 더 큰 문제를 일으키게 된다. 따라서 부적절한 행동에 대해서는 타임-아웃이 아니라 그 행동이 일어나기 전의 환경 바꾸기와 대체할 수 있는 바람직한 행동 가르치기를 하는 것이 가장 중요하다.

Q05 멋대로 집 밖으로 뛰쳐나가요

지적장애가 있는 만 5세 남자아이입니다. 마음대로 집 밖으로 나가버려서 큰일입니다. 밖으로 나가지 않도록 매번 주의를 주지만 몇 번이나 반복합니다. 평소에는 현관문을 잠가두는데 용건이 생겨 문이 열리면 그 틈을 노리고 금세 나가버립니다. 이러다가 스스로 문을 열 수 있게 되지 않을까 걱정입니다.

아이가 밖으로 나가 물웅덩이에서 노는 것을 좋아한다면
집 안 목욕탕에서 안전을 확보한 뒤에 비슷한 놀이를 하도록 해준다

A 05 아이가 밖에서 무얼 하는지 확인한다

밖으로 나가서 자기가 좋아하는 것을 보거나 좋아하는 활동을 하면 아이에게는 커다란 기쁨이지만, 연령과 발달을 고려하면 위험한 행동이다. 일단 아이가 멋대로 밖에 나가지 못하게 문을 잠그는 것은 아주 잘한 대처다. 하지만 근본적으로 아이가 밖으로 나가는 행동을 그만두게 하려면 먼저 밖에 나가 무엇을 하고 싶어 하는지를 알아야 한다.

그것을 확인하기 위해 같이 나가보는 것도 하나의 방법이다. 물웅덩이에서 노는 것을 좋아하면 집 안 목욕탕에서 안전을 확보한 뒤에 비슷한 놀이를 할 수도 있다. 또 산책이나 드라이브처럼 밖으로 나가는 활동 자체를 좋아한다면 심부름 등의 바람직한 행동을 한 것에 대해 강화제로 이용할 수 있다. 아이가 어느 정도 자라서 위험을 피할 수 있으면, 가고 싶은 곳을 말하게 하고 정해진 시간에 돌아오는 등의 규칙을 정한 후에 외출을 허가하는 것도 한 방법이다.

 Step 1 **ABC 분석으로 문제행동 객관화하기**

집에서 뛰쳐나간 결과, 좋아하는 장소로 가서 좋아하는 활동을 한다면 '요구 기능(요구를 충족받는 기능)'이고, 엄마가 같이 있을 때 뛰쳐나가고 그 직후에 엄마로부터 주의를 받거나 엄마가 쫓아오는 것이 강화제가 된다면 이때는 엄마와의 관계를 즐기는 관심받기 기능이다.

| 요구 기능 |

A 선행사건
(행동 전에 일어난 일)
할 일 없이 심심할 때

➡

B 행동
멋대로 밖으로 뛰쳐나간다

➡

C 결과
(행동의 결과)
좋아하는 활동을 한다

| 관심받기 기능 |

A 선행사건
(행동 전에 일어난 일)
엄마와 같이 있을 때

➡

B 행동
멋대로 밖으로 뛰쳐나간다

➡

C 결과
(행동의 결과)
엄마가 쫓아온다

Step 2 바람직한 행동 정하기

멋대로 집 밖으로 뛰쳐나가는 행동을 억제하는 한편으로 '집에서 좋아하는 활동 하기', 뛰쳐나가는 행동이 아닌 심부름과 같은 적절한 행동을 한 보상으로서 '산책이나 드라이브 가기' 등을 고려한다. 연령이 높고 지적장애가 경도이고 위험 회피가 가능하다면 "'○○에 다녀올게요'라고 말하고 외출한다'와 같은 목표를 정할 수 있다.

심부름을 잘했으니까 드라이브 가자

사전 대응책 연구하기

| 멋대로 집 밖으로 뛰쳐나가는 행동 예방법 4가지 |

① 기본적인 방법으로 '문 안쪽에 번호키 잠금장치 달기'를 한다. 혹은 기호나 알림 표시를 이해할 수 있으면 '밖으로 나가면 안 된다는 'X' 표시를 문에 붙이기' 같은 환경 설정을 시도한다.

② 집 안에서 여가 활동을 충분히 즐기도록 가르친다. 집에서 좋아하는 활동을 자발적으로 하게 하려면 아이가 좋아하는 활동을 할 수 있는 환경을 설정한다. 특히 부모의 시선이 닿지 않는 시간대라면 평소 보여주지 않는 비디오를 보여주는 등 외출만큼 매력적이면서 아이가 좋아하는 것을 준비한다.

③ 적절한 행동에 대한 보상으로 산책이나 드라이브를 설정하는 것도 좋다. 아이가 할 수 있는 심부름이나 과제를 일과표로 제시하고, 다 하면 이를 강화제로 시행한다. 하지만 점점 먼 곳으로 가고 싶어 하거나 몇 시간씩 밖에 있지 않으면 만족하지 못할 가능성도 있다. 그럴 때는 가고 싶은 장소를 그림카드로 제시해서 선택하게 하거나, 타이머로 외출 시간을 설정하는 등의 시도를 해볼 수 있다. 물론 집 안에서의 여가 활동과 보상으로 외출하는 것이 동시에 이루어져도 괜찮다.

어디 가고 싶어?

| 멋대로 집 밖으로 뛰쳐나가는 행동 예방법 4가지 |

④　아이가 외출하고 싶은 곳을 말하게 하는 것을 목표로 해도 좋다. 처음에는 아이에게 선택권을 줌으로써 자발성을 높이기 위해 외출 카드를 준비한다. 그중에서 아이가 가고 싶은 장소를 선택해서 부모에게 카드를 건네주거나 이야기하면 외출을 허락한다. 몇 번이고 외출을 요구할 때는 외출 자체를 보상으로 하는 방법을 찾는다. 또는 일과표에 '외출 가능' 시간대나 외출해도 되는 장소를 명시하여 시행해도 좋다.

Step 4　문제행동에 대응하기

가장 좋은 것은 집에서 나가려고 할 때 바로 대응하는 것이다. 만약 관심받기 기능으로 엄마가 쫓아오는 것이 강화제가 되어버렸다면 "안 돼!"라고 큰 소리로 소리치며 쫓아가지 말고, 아무 말 하지 않고 빨리 쫓아가서 담담하게 데리고 돌아온다.

전략 시트 : 멋대로 집 밖으로 뛰쳐나가요

A : 선행사건 (행동 전에 일어난 일)	B : 행동	C : 결과 (행동의 결과)
언제, 어디서, 누구와, 무엇을 할 때? (행동이 나타나지 않을 때는 빨간색으로 기입)	구체적으로 기입하기	• 요구 • 관심받기 ✔ • 회피 • 자동강화 • 기타
＊ 엄마가 저녁 준비하고 있어서 혼자 놀아야 할 때 ＊ 할 일 없이 심심할 때	멋대로 집 밖으로 뛰쳐나간다.	＊ 엄마가 쫓아온다. ＊ 좋아하는 장소에 가서 좋아하는 활동을 할 수 있다.

사전 대응책 연구	바람직한 행동	강화 방법
• 문제행동 일어나지 않게 하기 ✔ • 바람직한 행동 하기 ✔	• 지시 따르기 기술 ✔ • 의사소통 기술 ✔ • 여가 활동 기술 ✔ • 기타	• 칭찬 ✔ • 보상 ✔ • 좋아하는 활동 ✔ • 토큰경제 • 기타
＊ 문 안쪽에서 번호키 잠금장치를 한다. 기호나 그림을 이해한다면 밖으로 나가면 안 된다는 'X' 표시를 문에 붙인다. ＊ 아이가 좋아하는 활동을 집에서 하도록 '활동 카드'를 준비해서 선택하게 한다. ＊ 행동계약하고, 해야 할 일이나 과제 일과표를 준비한다. 그에 대한 보상으로 외출을 설정한다. ＊ 외출 장소 카드를 만들어서 선택하게 한다.	＊ 집에서 좋아하는 활동을 카드로 만들어 선택하게 한다. ＊ 심부름이나 과제를 하면 보상으로 외출하게 한다. ＊ 가고 싶은 곳을 말하고 함께 외출한다.(연령과 위험 회피 기능 고려)	＊ 집에서 적절하게 행동할 때 칭찬한다. ＊ 산책이나 드라이브 간다.(장소 카드를 만들어 선택하게 한다)

		문제행동 대응법
		• 과제 성공하도록 도움 ✔ • 침착해지도록 도움
	그래도 문제행동을 하면	＊ 침묵하면서 담담하게 데리고 돌아와, 바람직한 행동을 하도록 도와준다.

Q 06 기다리지 못하고 주변을 뛰어다녀요

> 지적장애가 있는 만 4세 남자아이입니다. 병원에서 진료를 기다리거나 식당에서 식사가 나올 때까지 기다려야 할 때 가만히 있질 못하고 주변을 빙빙 돌면서 걷거나 뛰어다닙니다. 다시 자리에 앉혀도 바로 일어나 뛰어다닙니다.

아무것도 할 것이 없는 상황에서는 아이가 돌아다니기 쉬우므로
대기시간 동안 잠시 산책하고 오거나 차 안에서 시간을 보낸다

A06 대기 시간에 할 수 있는 여가 활동을 찾는다

처음 가보는 장소나 예상치 못한 곳에서 아무것도 할 것이 없는 상황은 아이가 일어나 돌아다니는 행동이 일어나기 쉬운 환경 조건이다. 기본적인 대응은 심심할 때 적절하게 할 수 있는 여가 활동을 가르치는 것이다. 그 장소에 있는 것이 어렵다면 시간이 될 때까지 잠시 떨어져 산책을 갔다 오거나 차 안에서 시간을 보내는 방법 등이 있다. 기다리는 시간이 정해져 있고 그 시간이 짧다면 타이머를 사용해서 조용히 기다리기에 도전해보는 것도 한 방법이다.

Step 1 **ABC 분석으로 문제행동 객관화하기**

'기다리지 못한다'처럼 부정형으로 기술하지 말고 '빙빙 돌며 걷는다', '그 자리에 있는 물건을 만진다'처럼 아이의 구체적인 행동을 기술한다. 이 행동은 빙빙 돌며 걷기 등 좋아하는 활동을 할 수 있는 요구 기능이거나, 엄마가 쫓아오게 하는 것이 목적인 관심받기 기능, 앉아야만 한다는 혐오적인 상황의 회피 기능, 빙빙 돌면서 뛰는 것 자체가 강화제가 되는 자동강화 기능 중 하나다. 혹은 이 중 몇 가지가 복합적으로 이뤄진 기능일 수도 있다.

| 요구 기능 |

| 관심받기 기능 |

| A 선행사건 (행동 전에 일어난 일) | | B 행동 | | C 결과 (행동의 결과) |
| 할 일 없이 심심할 때 | → | 주변을 돌아다닌다 | → | 엄마가 쫓아온다 |

| 회피 기능 |

| A 선행사건 (행동 전에 일어난 일) | | B 행동 | | C 결과 (행동의 결과) |
| 앉아 있어야만 할 때 | → | 주변을 돌아다닌다 | → | 앉아 있지 않아도 된다 |

| 자동강화 기능 |

| A 선행사건 (행동 전에 일어난 일) | | B 행동 | | C 결과 (행동의 결과) |
| 할 일 없이 심심할 때 | → | 빙빙 돌면서 뛴다 | → | 감각적으로 기분이 좋아진다 |

Step 2 바람직한 행동 정하기

여기서 바람직한 행동은 '그 자리에서 좋아하는 것을 선택해서 시간이 될 때까지 조용히 앉아 있는 것'이다. 여가 활동을 하면서 기다리는 것이 어려운 경우나, 사람들 이동이 많고 주변 자극제가 많아 그 장소에 가만히 앉아 있는 것이 어려운 경우는 '산책하거나 차 안에서 여가 활동을 하며 시간을 보내다가 시간이 되면 돌아오는 것'과 같은 방법을 목표로 한다.

<table>
</table>

Step 3 사전 대응책 연구하기

| 기다리지 못하고 마구 뛰어다니는 행동 예방법 5가지 |

① 기본적인 중재는 시계나 타이머로 대기 시간을 시각적으로 전달하는 것이다.

② 심심한 시간을 때울 수 있는 그림책이나 장난감을 준비한다. 시간 때우기로 활용할 것들은 평소에는 가지고 놀지 못하게 하고 눈에 보이지 않게 해둔다. 아무리 좋아하는 활동이라도 계속하면 쉽게 질릴 수 있으므로, 이런 상황을 방지하기 위해서다.

③ 태블릿은 평소 다운로드한 다양한 애플리케이션으로 심심한 시간을 즐길 수 있는 아이템이므로 권장한다.

④ 참을성이 부족한 아이는 '3분처럼 짧은 시간을 시각화할 수 있도록 종이에 네모 칸을 그리고, 시간이 경과하면 스티커 붙이기'처럼 토큰경제로 대기 시간을 늘려간다. 이때 목표에 도달하면 받을 수 있는 보상을 설정한다.

3분씩 6번 기다렸으니깐...

| 기다리지 못하고 마구 뛰어다니는 행동 예방법 5가지 |

⑤ 대기 시간에 산책하는 경우는 '몇 시 몇 분까지 어떤 코스로 산책할지'를 시각화하면, 아이도 이해하기 쉽고 시간이 되면 돌아오는 것도 용이하다.

Step 4 **문제행동에 대응하기**

주변을 빙빙 돌기 시작하면 혼내지 말고 담담한 태도로 지시한 뒤 데리고 온다. 바람직한 행동을 하도록 도와줄 때는 먼저 타이머에 주목할 수 있게 하고, 보상을 다시 선택하게 함으로써 잘 기다린 뒤에 찾아오는 즐거움을 생각하게 한다.

전략 시트 : 기다리지 못하고 주변을 마구 뛰어다녀요

A : 선행사건
(행동 전에 일어난 일)

언제, 어디서, 누구와, 무엇을 할 때?
(행동이 나타나지 않을 때는 빨간색으로 기입)

* 외출한 곳에서 무작정 기다려야 할 때
* 할 일 없이 심심할 때

B : 행동

구체적으로 기입하기

주변을 돌아다닌다.

C : 결과
(행동의 결과)

• 요구 ✔   • 관심받기 ✔
• 회피
• 자동강화   • 기타

* 돌아다니면서 좋아하는 활동을 할 수 있다.
* 누가 쫓아온다.
* 지루하게 기다리지 않는다.
* 어슬렁거리는 자체가 즐겁다.

사전 대응책 연구

• 문제행동 일어나지 않게 하기 ✔
• 바람직한 행동 하기 ✔

* 타이머 등으로 몇 분 기다릴지 알려준다.
* 기다리는 동안 이용할 수 있는 그림책이나 장난감을 미리 준비한다.
* 그림카드로 기다린 후에 할 수 있는 즐거움을 전달한다.(잘 기다리면 아이스크림을 사준다 등)
* 시간 될 때까지 산책하거나 차 안에서 시간을 보내도록 유도한다.

바람직한 행동

• 지시 따르기 기술 ✔
• 의사소통 기술
• 여가 활동 기술 ✔   • 기타

* 좋아하는 것을 선택해서 시간 될 때까지 조용히 있게 한다.
* 산책하거나 차 안에서 보내다가 시간이 되면 돌아온다.

강화 방법

• 칭찬 ✔   • 보상
• 좋아하는 활동 ✔
• 토큰경제 ✔   • 기타

* '재밌지?', '잘 기다리고 있어'라고 말한다.
* 토큰경제로 좋아하는 활동을 하게 한다.

문제행동 대응법

• 과제 성공하도록 도움 ✔
• 침착해지도록 도움 ✔

* 혼내지 말고 담담한 태도로 데리고 와서, 타이머에 다시 주목할 수 있게 하고 보상을 다시 선택하게 한다.
* 잘 기다린 뒤에 찾아오는 즐거움(보상)을 생각하게 한다.

그래도 문제행동을 하면

Q07 잡은 손을 놓으면 어디로 튈지 몰라요

> 만 5세 일반 남자아이입니다. 외출할 때 손을 꼭 잡고 있지 않으면 아이가 혼자 어딘가로 막 가버립니다. 장을 보는 중에 손을 뿌리치고 어디론가 달려 나갈 때도 있습니다. 그때마다 주의를 주지만 아이는 전혀 이해하지 못합니다. 아이와 함께 외출하는 것이 점점 두렵고 싫어집니다.

'위험한 장소'라는 개념은 아이가 이해하기 어려우므로 '주차장', '도로',
'역'처럼 장소를 구체적으로 명시하고, 사진 등 시각적으로 보여준다

A 07 손잡는 걸 시각적으로 알려준다

'아이가 어디로 가버릴지 모른다'는 어른의 시점에서 생각한 것이다. 아이에게는 '마음에 드는 장소로 가서 뭔가를 하고 싶어'라는 목적이 있는 행동일 수 있다. 또 '어른이 날 쫓아와주면 좋겠어'라는 관심받기 기능일 수도 있다.

어느 쪽이든 손을 뿌리쳤을 때 위험성이 있는 장소에서는 손을 꼭 잡거나 '미아 방지끈'을 연결하는 등 위험을 피하는 방법을 검토하는 것이 필요하다. 아이를 구속하기 위해서가 아니라 안전을 위해서 사용할 방법을 검토한다.

그런 후에는 아이에게 외출했을 때 할 수 있는 바람직한 행동을 가르친다. 일반적으로 과잉행동은 연령이 높아짐에 따라 억제되므로 초조해하지 말고 차분하게 시행해본다.

먼저 '위험한 장소에서는 어른과 손을 잡고 같이 이동한다'라는 목표를 생각할 수 있다. 하지만 '위험한 장소'라는 개념은 아이가 이해하기 어려우므로 '주차장', '도로', '역'처럼 장소를 구체적으로 명시하고, 사진 등 시각적으로 보여주면서 그 장소에서는 '손을 잡는다'라는 것을 규칙화한다.

아이가 '언제까지 손을 잡아야 하는가'를 생각하고 이해할 수 있다면 더욱 수월하게 규칙을 지킬 것이다. '공원까지', '계산대까지'처럼 목적지나 골인 지점을 알려주면 더 좋다. 장소가 아니라 시간이나 타이머 같은 것으로 손을 잡는 시간을 표시하는 방법도 있다. 잘 지키면 적극적으로 칭찬해준다. 또 토큰경제로 강화하는 것도 한 방법이다.

Q08 양치하는 것을 싫어해요

> 만 4세 일반 남자아이입니다. 어렸을 때부터 양치하는 것을 매우 싫어했습니다. 치아가 썩을까 봐 무리해서라도 닦아줘야겠다고 생각하지만, 칫솔을 보기만 해도 도망가 버려서 어떻게 해야 할지 모르겠습니다.

갑자기 양치하자고 하는 것이 아니라 일과표에 양치 시간을
정해두고 그 시간이 되기 조금 전부터 유도한다

08 어떤 자극을 싫어하는지부터 확인한다

감각이 예민한 아이는 입안 감각도 예민해서 칫솔의 감각을 싫어하는 경우가 많다. 이 사례는 양치하는 일련의 흐름 중에서 어떤 자극이나 행위가 싫은지를 하나하나 확인해가며 접근해본다.

　감각 과민이 아니라 하고 있던 놀이를 그만두고 싶지 않아서 양치질을 거부하는 경우도 있다. 이때는 사전에 예고하고, 양치를 다 한 뒤의 보상을 설정하는 것이 중요하다. 갑자기 양치하자고 하는 것이 아니라 일과표에 양치 시간을 정해두고 그 시간이 되기 조금 전부터 유도한다. 양치한 뒤에는 아이가 할 수 있는 즐거운 활동을 준비한다.

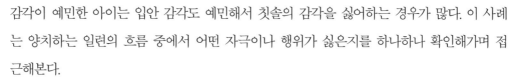

Step 1 **ABC 분석으로 문제행동 객관화하기**

감각 과민으로 인해 양치가 어려울 때는 칫솔을 바꾸거나 양치하는 방법을 바꿔본다. 감각 과민을 바로 경감시키는 것은 어렵다. 대신 양치한 뒤의 즐거움(보상)을 미리 알려줘서 양치하도록 유도하는 방법을 고려한다.

| 회피 기능 |

A 선행사건
(행동 전에 일어난 일)
엄마에게 양치하라는 말을 들었을 때

B 행동
거부하고 도망간다

C 결과
(행동의 결과)
양치질을 하지 않아도 된다

Step 2 바람직한 행동 정하기

이 사례의 바람직한 행동은 최종적으로는 연령에 맞게 양치하는 것이다. 만 4세 나이면 '스스로 일정 시간 동안 양치한 뒤에 부모가 마무리를 해준다' 행동이 최종 목표가 된다. 이 과정을 시행할 때는 스몰 스텝으로 목표를 설정한다. 예를 들어 '칫솔을 입으로 가져간다', '입안에 넣는다', '일정 시간 스스로 양치한다'처럼 조금씩 칫솔에 익숙해지는 연습을 한다.

Step 3 사전 대응책 연구하기

| 자연스럽게 양치하도록 유도하는 방법 5가지 |

유아용
고무 소재로
……

① '유아용 고무 소재의 칫솔을 입에 가져간다' 등 자극이 적은 것부터 시작한다. 서서히 연령대에 맞는 칫솔로 이행하고, 조금씩 칫솔을 움직여 양치에 대한 저항을 줄여간다. 처음에는 아주 잠깐이라도 칫솔을 입에 댄 것만으로도 괜찮다.

② 칫솔을 입에 대는 시간을 타이머로 보여줘도 좋다. 스마트폰으로 좋아하는 노래 동영상을 보여주거나, 양치하는 애플리케이션을 활용하는 것도 시도한다.

③ 부모가 아이를 눕혀서 양치를 마무리해주는 경우, 누운 자세를 싫어하는 아이도 있다. 이럴 때는 타이머를 이용함과 동시에 마무리를 서서 혹은 의자에 앉아서 하면 좋다.

④ 거울로 입안을 보여주며 마무리를 해주면 아이가 차분하게 양치하는 경우도 있다.

⑤ 또 치약의 맛이나 냄새, 양치할 때 나는 거품을 싫어하는 아이도 있다. 이런 경우는 치약 없이 양치하거나 거품이 적게 나는 젤 형태의 치약이나 좋아하는 향의 치약으로 바꿔주는 방법이 있다. 마트에서 좋아하는 치약을 직접 고르게 한다.

거품 싫어-

감각 과민

Step 4 **문제행동에 대응하기**

다양하게 생각해보고 연구해봐도 양치를 계속 싫어하면, 물로 헹구기만 하는 등의 다른 방법을 시도해본다. 아이의 상태를 봐가면서 신중하게 진행한다.

물로만 헹구자

전략 시트 : 양치하는 것을 싫어해요

A : 선행사건 (행동 전에 일어난 일)	B : 행동	C : 결과 (행동의 결과)
언제, 어디서, 누구와, 무엇을 할 때? (행동이 나타나지 않을 때는 빨 간색으로 기입)	구체적으로 기입하기	• 요구 • 관심받기 • 회피 • 자동강화 • 기타
엄마에게 양치질하라는 말을 들었을 때	거부하고 도망간다.	양치질을 하지 않아도 된다.

사전 대응책 연구	바람직한 행동	강화 방법
• 문제행동 일어나지 않게 하기 ✔ • 바람직한 행동 하기 ✔	• 지시 따르기 기술 ✔ • 의사소통 기술 • 여가 활동 기술 • 기타	• 칭찬 ✔ • 보상 ✔ • 좋아하는 활동 • 토큰경제 ✔ • 기타

사전 대응책 연구

* 일과표에 양치질 시간을 정한다.
* 유아용 고무 소재 칫솔을 사용한다.
* 치약 없이 양치한다.
* 마트에서 맘에 드는 칫솔과 치약을 고르게 한다.
* 타이머나 양치질 영상, 양치 어플을 사용한다.
* 마무리해줄 때 자세를 바꿔본다.
* 거울을 이용해 아이의 입안이 보이도록 한다.
* 양치질 후 보상을 설정한다.

바람직한 행동

① 칫솔을 입에 댄다.
② 칫솔을 입에 넣는다.
③ 시간을 정해서 양치질하는 시간을 늘린다.
④ 시간을 정하거나 정한 부분만 스스로 양치질한다.

강화 방법

* '열심히 했구나'라고 칭찬해준다.
* 좋아하는 스티커로 토큰경제를 사용해서 칭찬한다.

**그래도
문제행동을 하면**

문제행동 대응법
• 과제 성공하도록 도움 ✔ • 침착해지도록 도움

* 다시 한번 말하고 한 단계 레벨 낮춘 목표를 시행한다.
* 양치 외 방법(물로 헹구기 등) 시도한다.

머리카락 자르기를 싫어할 때

감각 과민이 강한 아이는 머리카락을 자르는 것도 고생스럽다. 이발할 때 아이가 움직이면 상처가 생길 수 있고, 진정시키면서 머리카락을 자르는 것은 위험하다. 이런 경우에는 전문가에게 맡겨서 단시간에 이발을 끝내는 것도 하나의 방법이다. 장소나 사람이 바뀌면 아이가 얌전히 있는 경우도 있다.

미용실에 따라 아이 전용 공간을 만든 곳도 있고, 자동차에 태워서 DVD를 보여주며 잘라주는 곳도 있다. 마치 놀이동산에 있는 것처럼 말이다. 주변 추천으로 이런 서비스를 하는 가게를 찾아서 잘 이용하는 것도 방법이다.

집에서 자르는 경우도, 손수 만든 헤어 카탈로그를 준비해서 아이에게 머리 스타일을 직접 선택하게 한다. 또 아이가 직접 거울을 들게 하고 "머리카락을 자르는 것은 어떨까요" 등 놀이처럼 만들면 어려운 부분도 즐기면서 해볼 수 있을 것이다.

 **Q 09** 천둥, 번개가 무서워서 외출을 못 해요

> 만 6세의 일반 여자아이입니다. 어렸을 때부터 감각이 예민하고 천둥, 번개를 싫어했는데, '천둥, 번개에 맞아서 사람이 죽었다'는 뉴스를 본 뒤로는 더 무서워하게 되었습니다. 일기예보에서 '천둥'이나 '비'뿐만 아니라 '흐림'이나 '저기압' 등과 같은 말만 나와도 곧바로 반응을 해버려 외출이나 등교를 못 할 때도 있습니다. 무리하게 데리고 나가려고 하면 난폭해져서 손을 쓸 수 없을 때도 많습니다.

대처 행동으로 모자를 쓰거나 커튼 치기, 귀마개를 하기 등을 알려주고
가능한 범위에서 천둥, 번개에 대한 바른 지식을 가르쳐준다

A09 과민성에 대처하는 방법을 알려준다

이 사례의 중재 포인트는 2가지로 첫째, 불안한 상황이 생겼을 때 어떻게 대처하면 좋을까를 이해하는 것, 둘째, 공포 대상의 자극을 회피하는 것이 아니라 불안이 적은 자극 레벨부터 서서히 익숙해지도록 하는 것이다.

이 경우는 원래부터 특정 감각에 과민해 천둥소리와 빛에 강한 공포감이 있었고, 뉴스에서 들은 '천둥＝죽음'이라는 이미지가 그 공포감과 결합하면서 강해진 것으로 볼 수 있다.

먼저 과민성에 대처하는 행동을 생각한다. 예를 들어 번개의 번쩍임을 피하기 위해서는 모자를 쓰거나 담요나 이불 덮기, 커튼 치기 등을 하고, 천둥소리를 피하기 위해서는 귀마개를 하거나 이어폰으로 좋아하는 음악 듣기 등을 할 수 있다.

아이에게는 가능한 범위에서 천둥, 번개에 대한 바른 지식을 전해준다. 천둥을 일으키는 구름의 종류나 천둥의 구조를 가르침으로써 '흐림', '저기압'이라는 말에서 바로 천둥을 연상시키는 것을 회피할 수 있다. 또 천둥이 울릴 때 안전한 피난 방법을 알려주는 것도 불안을 줄이는 데 도움이 된다.

이렇게 사전의 환경을 먼저 바꾸고 토큰경제와 같은 강화제를 이용해, 흐리거나 비가 오는 날은 자동차로 등교하는 것부터 시작해 흐린 날에는 등교하는 중간 지점부터 걷게 하는 등 서서히 익숙해지게 돕는다. 한 번 할 수 있게 되더라도 금방 다음 단계로 진행하는 것이 아니라 불안이 없어질 때까지 여러 번 경험하게 해준다.

병원을 극도로 무서워해요

지적장애가 있는 만 7세 여자아이입니다. 어렸을 때부터 병원을 싫어하고, 흰 가운 입은 의사를 보기만 해도 무서워합니다. 청진이나 촉진도 할 수 없어서 항상 제가 아이 어깨를 꽉 누른 채 진찰하고 있습니다. 병원에 데리고 가는 것이 고통스럽습니다.

아이가 미리 처치나 검사 내용을 알 수 있도록 진찰이나 검사의
순서를 시각적으로 만들어 보여주고 잘 참으면 보상을 준다

A10 천천히 진찰받는 연습을 시작한다

과거에 진찰받았을 때 좋지 않은 기억에서 시작해, 무서워서 병원에 가기 싫고, 진찰까지 기다리지 못하고, 진찰실에 들어가지 않으려 하고, 진찰실에서 난폭해지는 등 다양한 문제가 생기는 경우가 있다. 진찰받는 것은 일상생활에 꼭 필요한 것이다. 장기적인 목표를 세워서 진행한다. (06. 기다리지 못하고 주변을 뛰어다녀요, 136쪽 참고)

의료기관용 서포트북을 작성해서 병원에 아이의 상태와 대응법을 사전에 자세히 전달하는 것도 한 방법이다. 사전에 아이의 상태를 전달받은 병원에서는 '흰 가운을 불편해하는 아이를 위해 가운을 벗는다', '주사 등 아픈 의료 행위는 아이가 긴장을 덜 하도록 숫자를 세어준다' 등의 대응을 해줄 수 있다.

또 아이가 미리 처치나 검사 내용을 알 수 있도록 진찰이나 검사의 순서를 시각적으로 만들어 보여주면 보다 침착하게 진찰받을 수 있다. 또 검사 중에 기분이 좋아지게 할 수 있는 장난감이나 사탕 등을 준비하거나, 아이가 잘 참으면 보상을 주겠다고 미리 알려주는 것도 좋다.

청진이나 코 진찰이 어려운 아이는 양호 선생과 협력해서 미리 연습해볼 수 있다. 진행 단계는 ① 의자에 앉기, ② 배 보여주기, ③ 청진이 끝날 때까지 기다리기, ④ 등 보여주기, ⑤ 진찰이 끝날 때까지 기다리기, ⑥ 입 열기, ⑦ "아~" 하면서 혀를 아래로 내리기, ⑧ 설압자로 누르는 시간 동안 기다리기 등이 있다. 보상을 사용하면서 스몰 스텝으로 가르친다.

Q 11   옷이 조금이라도 젖으면 전부 갈아입어요

> 지적장애를 동반하는 만 5세 여자아이입니다. 손을 씻을 때 소매가 조금이라도 젖으면 옷을 전부 갈아입으려고 해요. 갈아입을 때는 하나하나 제가 도와줘야만 해서 힘듭니다. 그냥 놔두면 화를 내거나 자기 머리를 때립니다.

옷이 젖어서 살에 붙는 것이 싫은 아이라면 가장 먼저 옷이
젖은 것으로 인한 짜증이나 자해를 없애는 것을 목표로 한다

젖은 데 대한 짜증을 없애는 것부터 시작한다

A 11

지적장애를 동반한 자폐 아동 중 많은 아이가 감각 과민을 가지고 있다. 일반 사람들의 감각으로는 "그렇게 전부 갈아입지 않아도 될 텐데…"라고 생각할 수 있지만, 이 아이는 "젖어서 옷이 살에 붙는 것은 싫은 감각이니 철저하게 없애고 싶다"라고 느낄 수 있다. 여기서 중요한 것은 옷이 젖은 것으로 인한 짜증이나 자해를 없애는 것이 첫 목표가 돼야 한다는 점이다. 옷을 전부 갈아입는 것을 그만두게 하는 것은 어디까지나 첫 목표를 달성한 다음의 목표다.

아이 입장에서 '옷이 조금이라도 젖으면 마음에 들지 않는다'라는 추상적인 기술을 구체적인 행동으로 옮기면 '모든 옷을 갈아입는다'가 된다. 여기서는 옷이 젖게 하지 않는 방법과 옷이 젖어버렸을 때의 대응으로 나눠서 생각해본다.

Step 1 ABC 분석으로 문제행동 객관화하기

행동이 나타나는 계기는 '손을 씻거나 세수하면서 소매가 젖을 때'다. 하루 중에 어떨 때 더 많이 나타나는가를 알 수 있다면 좀 더 대응하기 쉽다. 이 행동의 결과는 '싫은 느낌이 없어지는 것'이다. 이 경우는 회피 기능을 갖는다.

| 회피 기능 |

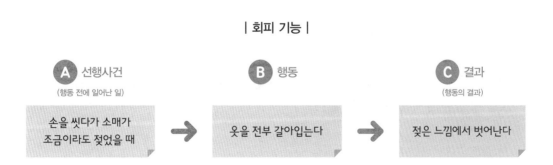

바람직한 행동 정하기

'옷이 젖지 않도록 하기'와 '젖었을 때의 대응'으로 나눠 생각할 때, 여기서 바람직한 행동은 '소매를 걷고 씻기', '소매가 젖으면 윗옷만 갈아입기', '짜증을 내지 않고 스스로 옷을 갈아입기' 등으로 생각해볼 수 있다. 목표는 그때의 상태에 맞춰 선택하도록 한다. '옷을 전부 갈아입는다'라는 고집을 고치기 위해 '윗옷만 갈아입는다'라는 목표 행동에 대해서는 특별히 좋아하는 강화제를 설정하면 좋다.

① 소매를 걷고 씻기

② 소매가 젖으면 윗옷만 갈아입기

③ 짜증을 내지 않고 스스로 옷을 갈아입기

| 바람직한 행동 끌어내는 사전 준비 4가지 |

① '소매가 젖는다'라는 상황을 만들지 않기 위해 '소매를 걷는다'를 가르친다. 스스로 할 수 없으면 처음에는 부모가 도와주고, 할 수 있게 되면 칭찬해준다. 조금씩 도움을 줄여서 스스로 할 수 있도록 한다.

② 혼자서 소매를 걷을 수 있게 되면 이번에는 손을 씻을 때 자발적으로 소매를 걷도록 세면대에 '소매를 걷고 손을 씻는 그림카드'를 붙여둔다.

③ 스스로 소매를 걷을 수 있게 되었더라도 팔이 젖는다면 '윗옷만 갈아입기', '짜증 내지 않고 스스로 옷 갈아입기'라는 목표 행동을 선택한다.

'옷이 젖었을 때는 윗옷만 갈아입기'를 위해서는 먼저 소매가 안 젖을 때에도 '윗옷만 갈아입기'라는 약속 카드를 제시하고, 윗옷만 갈아입는 약속을 한다. 약속을 잘 지키면 보상하도록 한다.

이렇게 연습을 해두면 실제로 소매가 젖었을 때 '윗옷만 갈아입기'라는 약속 카드를 보여주기만 해도 윗옷만 갈아입는 행동이 나오기 쉽다. 아이에게는 쉽지 않은 행동이니만큼 처음에는 가능한 한 빠르게 성공할 수 있도록 도와주고, 즉시 강력한 보상으로 유도한다.

감각 과민

| 바람직한 행동 끌어내는 사전 준비 4가지 |

④ 고집이 굉장히 센 아이라면 우선 '짜증 내지 않고 스스로 옷을 갈아입는다'를 목표로 한다. 사전에 옷을 갈아입고 벗은 옷을 넣을 탈의실을 준비해두고, 바로 탈의실로 가도록 해서 옷 갈아입는 것을 도와준다.

 Step 4 **문제행동에 대응하기**

'옷이 젖어도 갈아입지 못하게 한다'라는 절차는 저항이 나타날 우려가 크다. 이때는 옷 갈아입기 연습과 별개로 '짜증 내지 않고 스스로 옷을 갈아입는다'를 목표로 한다. 스스로 자연스럽게 옷을 갈아입으면, 나중에 갈아입는 분량이 많아져도 큰 문제 없다.

전략 시트 : 옷이 조금이라도 젖으면 전부 갈아입어요

A : 선행사건 (행동 전에 일어난 일)	B : 행동	C : 결과 (행동의 결과)
언제, 어디서, 누구와, 무엇을 할 때? (행동이 나타나지 않을 때는 빨 간색으로 기입)	구체적으로 기입하기	• 요구 • 관심받기 • 회피 ✔ • 자동강화 • 기타

＊ 손을 씻다가 소매가 조금
  이라도 젖었을 때
	＊ 옷을 전부 갈아입는다.
	＊ 옷을 갈아입지 못하면 머
	  리를 때리며 화낸다.
		젖은 느낌에서 벗어난다.

감각
과민

사전 대응책 연구	바람직한 행동	강화 방법
• 문제행동 일어나지 않게 하기 ✔ • 바람직한 행동 하기 ✔	• 지시 따르기 기술 ✔ • 의사소통 기술 • 여가 활동 기술 • 기타 ✔	• 칭찬 ✔ • 보상 ✔ • 좋아하는 활동 • 토큰경제 • 기타

＊ 소매를 걷고 손 씻는 그림
  카드를 보여준다.
＊ 약속 카드나 보상을 준비
  한다.
＊ 약속 카드로 연습한다.
＊ 갈아입을 옷을 미리 준비해
  서 바구니에 넣어둔다.
	＊ 소매를 걷는다.
	＊ 약속 카드를 따라 윗옷만
	  갈아입는다.
	＊ 짜증을 내지 않고 스스로
	  옷을 갈아입는다.(전부 갈
	  아입어도 된다.)
		＊ '열심히 했구나'라고 칭찬
		  한다.
		＊ 여러 간식을 선택하게
		  한다.

문제행동 대응법
• 과제 성공하도록 도움 ✔
• 침착해지도록 도움

＊ 짜증 안 내고 무리하지 않
  게 스스로 옷을 갈아입는
  것을 목표로 한다.

그래도
문제행동을 하면

감각 과민에 대응하기

감각 과민성은 자폐 아동의 특성 중 하나다. 과민성은 환경의 변화나 부정적인 체험에 의해 증폭되고, 연령이 높아짐에 따라 바뀌는 부분도 있다.

감각 과민에는 사전에 환경을 바꾸거나 예방하는 것을 중심으로 대응하고, 과민성으로 인해 불쾌감이 생길 때의 대응 방법을 미리 학습해둔다.

사전의 환경 바꾸기와 예방

가장 먼저 환경 바꾸기나 예방을 통해 싫은 자극을 멀리하도록 한다.

시각 과민인 경우는 시각적으로 직접 보지 않게 하거나, 선글라스를 쓰거나 모자를 깊게 눌러쓰는 것으로 시각적인 자극을 차단해본다.

청각 과민이라면 귀마개나 헤드폰을 사용하는 것으로 자극을 줄이거나 없앤다.

촉각 과민은 장갑을 사용해 자극이 직접 닿지 않게 하는 방법이 있고, 후각 과민이어서 냄새에 민감하다면 마스크를 착용하는 방법이 있다.

스몰 스텝으로 자극에 익숙해지다

현실에 없는 것에 위협을 느끼거나 불안해하면서 강박적인 반복 행동이 생기고, 또 이 때문에 외출도 할 수 없게 되는 경우, 주로 인지행동치료 중 하나인 노출 치료(Exposure therapy)를 사용한다. 이것은 과도한 불안이나 공포를 느끼는 자극에 대해 약한 자극부터 순차적으로 조금씩 노출시키면서 익숙해지게 하는 것이다.

예를 들어 화장실이 무서워서 들어가지 못하는 아이가 있다고 하자. 화장실의 조명을 밝게 하기, 좋아하는 캐릭터의 포스터 붙이기, 변기 커버를 아이가 좋아하는 것으로 바꿔보기 등 환경 바꾸기를 시도한다. 그래도 화장실 가는 것을 힘들어하면, 아래와 같이 단계적으로 노출 치료를 도입한다.

가장 먼저 아이의 최종 목표를 정한다. 예를 들어 변기에 30초 동안 앉는 것을 목표로 했다면 그에 대한 스몰 스텝을 생각한다. 이 경우라면 ① 화장실 문 앞까지 간다, ② 문을 연다, ③ 문을 연 채로 한 발자국 들어간다, ④ 바지를 내린다, ⑤ 팬티를 내린다, ⑥ 아주 잠깐 동안 변기에 앉는다, ⑦ 10초 동안 앉는다, ⑧ 20초 동안 앉는다 등으로 생각해볼 수 있다.

처음에는 ①번 단계를 경험시키고 성공하면 보상을 해준다. ①번 단계를 자연스럽게 할 수 있게 되면 ②번 단계까지 해보고 그 단계를 충분히 경험시켜주면서 저항을 하지 않게 되면 다음 단계로 넘어간다.

초조해하지 말고 스몰 스텝으로 신중하게 천천히 시행하고, 달성하면 적극 칭찬하면서 성공 체험을 쌓아가는 것이 중요하다.

Q 12 이동할 때 특정 순서에 집착해요

> 경도의 지적장애가 있는 만 4세 남자아이입니다. 가까운 마트에 갈 때도 가는 길의 순서, 목적지에 따라 '이렇게'라는 루트를 자기 나름대로 정해놓고 있는 듯합니다. 다른 길로 가려고 하면 화내고 울고 소리치는 일이 자주 있습니다.

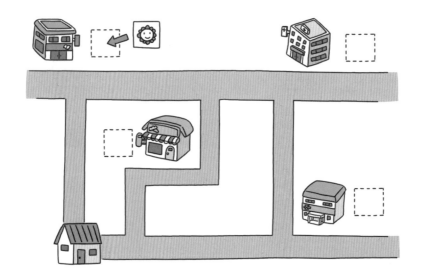

특정 길을 표시해서 선택할 수 있도록 하고, 또 체크포인트를 만들어서 통과할 때마다 스티커를 붙인다. 마지막에는 보상과 교환한다

A 12 부적절한 길을 지나지 않는지 신경 쓰며 대응한다

특정 장소에 갈 때 익숙한 풍경의 순서나 자기 나름의 '체크포인트'가 있어서 다른 길로 가면 격하게 저항하는 아이가 있다. 하지만 '특정 루트대로 가면 목적지에 갈 수 있다'라는 행동이 반드시 문제라고는 할 수 없다.

또 특정 루트에 대한 집착이 평생 가는 일은 거의 없다. 아이가 '특정 길'을 걷고자 하는 것에만 반응하지 말고, 한발 물러서서 여유를 가지고 지켜봐 준다.

단지 그 길이 '건너가면 안 될 곳을 건넌다', '냇가나 도랑 옆처럼 위험한 쪽에서 걸으려고 한다', '사유지를 가로지르려고 한다'처럼 부적절하다면 부모의 도움이 필요하다. 위험한 장소에서는 '아이가 고집하는 장소 직전에 업어주거나 유모차나 자전거에 태워서 적절한 루트로 지나간다', '지나가면 안 되는 장소를 걸을 때의 규칙을 그림으로 표시하고 지킬 수 있도록 약속한다' 등으로 대처하고, 적절한 행동을 하면 칭찬해준다.

또 옆의 그림처럼 '특정 길을 표시해서 선택할 수 있도록 한다', '체크포인트를 만들어서 통과할 때마다 스티커를 붙인다. 마지막에는 보상과 교환한다'처럼 다양한 방법을 사용하면 길의 순서에 대한 고집이 완화될 수 있다.

고집／집착

Q 13 마트 가면 반드시 사달라고 졸라요

> 지적장애가 있는 만 5세의 남자아이입니다. 두 단어 정도의 발화가 가능합니다. 마트나 장난감 가게에 가면 항상 뭔가를 "사줘"라며 졸라댑니다. "안 돼!"라고 거절하면 소리 지르며 울고 난폭하게 굴어서 가끔 사주게 됩니다.

사람들의 시선이 많은 장소에서 아이가 짜증을 부릴 때
가끔이라도 장난감을 사주면 행동을 소거하기가 더 어려워진다

13 소거와 동시에 적절한 행동으로 바꿔준다

사람들의 시선이 많은 장소에서 아이가 짜증을 부리면, 아이를 조용하게 하기 위해 장난감을 사주기 마련이다. 이 경우처럼 곤란한 행동이 가끔 강화되는 것을 '간헐강화'라고 한다. 대부분의 경우 간헐강화는 행동의 소거를 더 어렵게 만든다. 소거를 시작하면 소거 폭발에 의해 행동이 더 심하게 나타나고 결과적으로 사줘야 하는 상황이 생길 수 있다. 따라서 이 경우는 소거와 동시에 반드시 적절한 행동으로 전환하도록 한다.

고집/집착

Step 1 ABC 분석으로 문제행동 객관화하기

짜증을 내면 '가끔씩 좋아하는 음식이나 장난감을 얻을 수 있다'가 되므로 물건이나 활동을 얻기 위한 요구 기능이다.

| 요구 기능 |

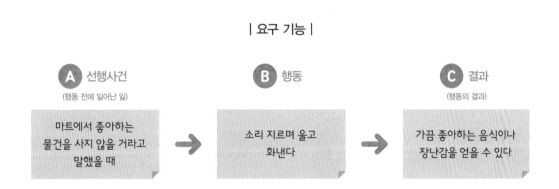

Step 2 **바람직한 행동 정하기**

먼저 의사소통 행동으로 바꿔주는 경우, 아이의 발달 수준에 맞춰서 소리 지르며 우는 것이 아니라 '초코우유 사줘' 등의 말로 할 수 있도록 가르친다. 또 지시 따르기 행동으로 바꿔주는 경우, 아이가 이해할 수 있도록 구체적인 약속을 하고 '약속을 지켰을 때 원하는 것을 살 수 있다'와 같은 규칙을 설정한다. 예를 들어 마트에서 '엄마랑 손잡고 걷기', '카트에 앉기' 또는 집에서 하는 심부름이나 숙제 중에 아이가 선택해서 스스로 실행했을 때 토큰 스티커를 준다. 토큰을 다 모으면 원하는 물건을 사준다는 약속을 한다.

이런 물건 사기를 여가 활동으로 다뤄서, 물건 사기에 필요한 기술들을 가르치는 기회로 만들면 좋다. '원하는 물건은 자기 돈으로 구입한다'라는 개념부터 아이의 인지 수준에 따라 계산대에서 '5천 원을 건넨다(금액보다 많은 돈을 낸다)', '체크카드를 건넨다'와 같은 물건 사기 방법을 알려준다. 지적인 이해가 발전하면 '정확한 금액을 낸다'를 목표 행동으로 설정해도 좋다.

연령과 고집을 부리는 강도, 원하는 물건의 금액에 따라 이러한 목표 행동 중에서 적절한 것을 선택해 시행한다.

마트에서 '엄마랑 손잡고 걷기', '카트에 앉기' 또는 집에서 하는 심부름이나
숙제 중에 아이가 선택해서 스스로 실행했을 때 토큰 스티커를 준다

사전 대응책 연구하기

아이의 문제행동에 대응할 여유가 없다면 '장 보러 같이 가지 않는다'라는 각오도 필요하다. 공공장소에서 아이의 짜증을 받아주거나 강화하지 않는 것이 더 중요하기 때문이다.

의사소통 행동으로 바꿔줄 경우, 상품을 손에 들고 있을 때 재빨리 어른의 얼굴에 주의를 기울이게 해서 음성 모방(예 "사주세요")을 지시한다. 어떤 말로 바꿔줄지는 사전에 여러 후보를 정해둔다.

지시 따르기 행동으로는 약속한 내용을 그림카드로 만들어서 적절한 타이밍에 제시할 수 있도록 준비한다.

여가 활동으로 가르칠 경우는 가게로 들어가기 전에 미리 순서도를 보여주고 계산할 때 필요한 돈이나 카드를 건네준다. 순서도 중에서 아이가 혼자서 할 수 없는 부분은 부모가 힌트를 줘서 돕거나 그 부분만 대신해주는 식으로 순서를 처음부터 끝까지 해낼 수 있도록 도와주고 격려한다.

고집／집착

문제행동에 대응하기

아이가 마트에서 짜증 내는 일 없이 해결되면 좋지만 이미 짜증을 내버린 경우, 그래도 지시가 통할 수 있는 상태라면 그림카드나 순서도, 토큰판을 보여줘서 적절한 행동으로 유도한다.

난폭하게 짜증을 부리는 경우라면 그 장소를 일단 벗어나 자동차 안으로 데리고 가서 침착해질 때까지 기다린다. 이때 차 안에서 부서지거나 고장 날 만한 물건은 미리 치우고, 담요나 이불 같은 것을 준비해두면 좋다.

만약 아이가 난폭하게 굴어도 화내지 말고 냉정하게 대응한다. 짜증이 줄어드는 단계에서는 아이가 침착해지고 있는 점을 적극 칭찬하고, 집으로 돌아온다.

난폭하게 짜증을 부리는 경우라면 그 장소를 일단 벗어나
자동차 안으로 데리고 가서 침착해질 때까지 기다린다

전략 시트 : 마트 가면 반드시 사달라고 졸라요

고집／집착

A : 선행사건 (행동 전에 일어난 일)	B : 행동	C : 결과 (행동의 결과)
언제, 어디서, 누구와, 무엇을 할 때? (행동이 나타나지 않을 때는 빨간색으로 기입)	구체적으로 기입하기	• 요구 ✔ • 관심받기 • 회피 • 자동강화 • 기타
마트에서 좋아하는 물건을 사지 않을 거라고 말했을 때	소리 지르며 울고 화낸다.	가끔 좋아하는 음식이나 장난감을 얻을 수 있다.

사전 대응책 연구	바람직한 행동	강화 방법
• 문제행동 일어나지 않게 하기 ✔ • 바람직한 행동 하기 ✔	• 지시 따르기 기술 ✔ • 의사소통 기술 ✔ • 여가 활동 기술 ✔ • 기타	• 칭찬 ✔ • 보상 ✔ • 좋아하는 활동 • 토큰경제 ✔ • 기타

사전 대응책 연구

* 아이랑 단둘이 마트에 가지 않는다.
* 장 보러 가기 전에 미리 아이의 배를 채운다.
① 적절한 행동을 하도록 음성 모방을 지시하거나 요구 카드를 만들어서 선택하게 한다.
②-1. 약속 카드를 만들어서 미리 선택하게 한다.
②-2. 약속을 지키면 토큰 스티커를 준다. 스티커를 다 모으면 원하는 물건이나 활동을 제공한다.
③-1. 물건사기 순서도를 보여주고 체크카드를 건넨다.
③-2. 상황에 따라 도움을 주거나 아이가 어려워하는 부분만 대행해준다.

바람직한 행동

① "OO 사주세요" 하고 말하게 한다.
② '약속표' 행동을 골라서 병행한다.
③ 순서도를 이용해서 자기 돈으로 구입하게 한다.

강화 방법

* "열심히 잘 했구나" 하고 칭찬한다.
* 토큰 스티커를 준다.
* 원하는 물건을 산다.

문제행동 대응법

• 과제 성공하도록 도움 ✔
• 침착해지도록 도움 ✔

* 심하게 짜증을 부리면 장보기를 멈추고 그 장소를 벗어나 차 안 같은 곳에서 침착해지도록 기다린다.
* 약간의 짜증이면 그림카드나 순서도 중 시각적인 순서를 제시해서 바람직한 행동을 유도한다.

그래도
문제행동을 하면

Q14 엘리베이터 버튼 누르는 것에 집착해요

만 6세의 일반 남자아이입니다. 엘리베이터 버튼을 누르는 행동에 집착이 심하고, 몇 번이고 계속 타려고 합니다. 급한 용무가 있는 사람이 있어도 개의치 않고 자기가 원하는 층을 눌러버립니다. "이제 가자"라고 아무리 유도해도 그 장소에서 벗어나려고 하지 않습니다.

엘리베이터에서 바로 금지하면 아이가 크게 흥분하거나 화를 낼
가능성이 크므로 그 자리에서 횟수를 체크하고, 내리면 보상을 준다

 **14** 미리 횟수를 약속하고, 잘 지켰을 때 강화한다

숫자와 버튼이라는 자극은 유아기의 자폐 아동에게 매력적으로 다가오는 경우가 많다. 엘리베이터 버튼도 그중 하나라고 할 수 있다.

문제행동은 '다른 사람을 신경 쓰지 않고 몇 번이고 누르는 것'이나 '다음 장소로 이동하는 데 어려움을 느끼는 것'이다. 이러한 행동은 한번 하면 '그 장소에 가면 반드시 해야 할 일'처럼 외출할 때 하는 고집스러운 행동이 되기 일쑤다.

이 경우에는 기본적으로 횟수를 정해서 제한을 둘 필요가 있다. 그 장소에서 바로 금지하면 아이가 크게 흥분하거나 화를 낼 가능성이 크다. 따라서 '사전에 그림카드 등으로 횟수에 대한 약속을 한다', '횟수를 그 자리에서 체크하고, 엘리베이터에서 내리면 보상을 준다'와 같이 중재한다.

'완전히 금지한다'라는 방법도 있지만 여기서는 '약속이나 규칙을 지킨다'라는 교육적인 관점을 중시한 대응을 권한다. 이렇게 약속으로 아이가 잘 통제되면 '고집'을 치료나 학습 강화제로서 사용할 수 있다.

 Step 1 **ABC 분석으로 문제행동 객관화하기**

행동이 나타나는 계기는 '외출 중 엘리베이터에 타서 버튼을 봤을 때'다. 행동을 기입할 때는 '고집 피우기'가 아니라 '엘리베이터 버튼을 몇 번이나 누르면서 계속 타려고 함'이라고 써야 한다. 이 행동은 요구 기능 혹은 자동강화 기능이다.

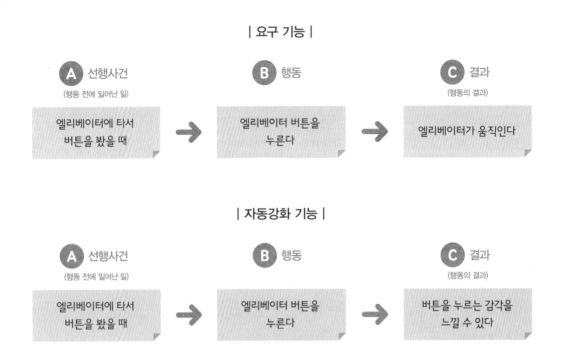

| 요구 기능 |

A 선행사건
(행동 전에 일어난 일)
엘리베이터에 타서 버튼을 봤을 때

→

B 행동
엘리베이터 버튼을 누른다

→

C 결과
(행동의 결과)
엘리베이터가 움직인다

| 자동강화 기능 |

A 선행사건
(행동 전에 일어난 일)
엘리베이터에 타서 버튼을 봤을 때

→

B 행동
엘리베이터 버튼을 누른다

→

C 결과
(행동의 결과)
버튼을 누르는 감각을 느낄 수 있다

Step 2 바람직한 행동 정하기

전면적으로 금지하는 것이 아니라 정해진 횟수를 지키는 것을 목표로 한다. 따라서 바람직한 행동은 '엘리베이터에서 정해진 횟수만큼만 탄다'라고 정한다. 처음에는 항상 타던 횟수보다 조금 적은 횟수로 시작한다. 그리고 점차 횟수를 줄여간다. 아이의 고집 정도에 따라 'O층'이라고 눌러도 되는 버튼의 숫자를 지정해주는 것도 좋다.

어제는 4번 탔으니까 오늘은 3번 타자

<table>
<tr><td>Step
3</td><td>**사전 대응책 연구하기**</td></tr>
</table>

| 집착에서 벗어나게 하는 6단계 |

1단계 미리 약속 카드를 작성한다. 약속 카드에는 엘리베이터를 타는 횟수나 눌러도 되는 버튼을 구체적으로 제시하고, 실제로 탔을 때 체크할 수 있도록 한다.

2단계 외출 전에 이 약속 카드를 아이에게 보여줘서 확인시켜준 뒤에 외출해서 엘리베이터에 탈 때마다 체크한다.

3단계 약속한 만큼 다 타면 '끝'이라고 말하고 신속하게 엘리베이터에서 벗어난다.

4단계 엘리베이터에서 나오면 즉시 그것에 대해 칭찬해주고, 경우에 따라 보상도 해준다.

고집 / 집착

| 집착에서 벗어나게 하는 6단계 |

5단계 엘리베이터에서 나올 때 저항이 강한 경우, 다음번에 엘리베이터를 탈 수 있는 횟수를 조금 늘려주고, 이이가 약속을 잘 지킬 수 있는 방법을 연구한다.

6단계 아이가 안정되게 약속을 지킬 수 있게 되면 보상을 줄이는 것도 검토한다. 이러한 집착은 대부분 시간이 지나면서 줄어든다. 조금만 마음의 여유를 가지고 실행해보자.

Step 4 이미 한 문제행동에 대응하기

이 사례는 미리 약속한 횟수 이상은 타지 못하게 하는 것이 중요하다. 아이에게 작성한 약속 카드를 보여주고, "끝"이라고 강하게 말한 뒤 그 자리를 신속하게 벗어난다.

전략 시트 : 엘리베이터 버튼 누르는 것에 집착해요

A : 선행사건	B : 행동	C : 결과
(행동 전에 일어난 일) 언제, 어디서, 누구와, 무엇을 할 때? (행동이 나타나지 않을 때는 빨간색으로 기입)	구체적으로 기입하기	**(행동의 결과)** • 요구 ✔ • 관심받기 • 회피 • 자동강화 ✔ • 기타
엘리베이터에 타서 버튼을 봤을 때	엘리베이터 버튼을 누른다.	* 엘리베이터가 움직인다. * 버튼을 누르는 감각을 느낄 수 있다.

고집 / 집착

사전 대응책 연구	바람직한 행동	강화 방법
• 문제행동 일어나지 않게 하기 • 바람직한 행동 하기 ✔	• 지시 따르기 기술 ✔ • 의사소통 기술 • 여가 활동 기술 • 기타	• 칭찬 ✔ • 보상 ✔ • 좋아하는 활동 • 토큰경제 • 기타
* 엘리베이터 타는 횟수를 적는 체크리스트를 준비한다. * 미리 누르고 싶은 층수의 버튼을 약속 카드에 기입한다. * 적절하게 행동했을 때의 보상을 보여준다.	버튼을 누르고 엘리베이터에 정해진 횟수만큼만 탄다.(횟수를 서서히 줄인다)	* "약속을 잘 지켰구나" 하고 칭찬한다. * 정해진 횟수만큼만 탄다. * 다 탔으면 곧바로 칭찬해 주고 보상을 보여준 후 엘리베이터에서 나온다.

문제행동 대응법

• 과제 성공하도록 도움 ✔
• 침착해지도록 도움

그래도
문제행동을 하면

* 정해진 횟수만큼 다 탔으면 더 타고 싶어 해도 무시하고 신속하게 칭찬한 후 엘리베이터를 벗어나 다른 장소로 이동한다.

Q 15 다른 집의 초인종을 자꾸 눌러요

경도의 지적장애가 있는 만 5세 남자아이입니다. 외출할 때 다른 집의 초인종을 보면 바로 달려가서 누릅니다. 눈에 보이면 바로 뛰어가 눌러서 저지할 틈도 없습니다. 정말 힘듭니다.

유모차나 아동용 자전거를 가지고 외출해, 초인종 가까이 가기 전에
유모차나 자전거에 태움으로써 달려가는 것을 방지하는 것도 한 방법이다

 **15** 사전에 약속하고 초인종 근처에 가지 않는다

ABC 분석으로 생각해보면, '초인종을 누른다'라는 행동 자체가 강화제가 되는 자동강화 기능과, '눌러야지' 하고 달려갈 때 주변의 어른이 당황하는 것이 강화제가 되는 관심받기 기능이 있다.

| 자동강화 기능 + 관심받기 기능 |

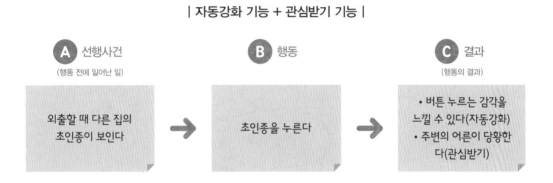

A 선행사건
(행동 전에 일어난 일)

외출할 때 다른 집의
초인종이 보인다

B 행동

초인종을 누른다

C 결과
(행동의 결과)

• 버튼 누르는 감각을
  느낄 수 있다(자동강화)
• 주변의 어른이 당황한
  다(관심받기)

적절한 대응으로는 외출 전에 '초인종을 누르지 않아요'라는 약속을 하는 것을 생각할 수 있다. 아이가 이해할 수 있는 약속 카드를 작성하고 아이에게 보여준다. 약속을 지키면 토큰을 주고 칭찬한다. 또 초인종이 있는 장소 근처로 갈 때는 아이가 달려갈 방향에 미리 어른이 서 있거나 종종걸음으로 지나가도록 하는 등 달리는 것을 저지한다.

이러한 대처를 해도 아이가 초인종을 누르러 가려고 한다면, 유모차나 아동용 자전거를 가지고 외출하여 초인종 가까이 가기 전에 유모차나 자전거에 태워서 달려가는 것을 방지하는 것도 한 방법이다.

Q 16 쌀밥을 안 먹어요

> 지적장애가 있는 만 6세 남자아이입니다. 쌀밥을 먹지 않아 고민입니다. 김자반을 뿌리면 그것만 먹습니다. 카레라이스 같은 것은 어떻게든 조금 먹기도 합니다.

덮밥류로, 주재료로 쌀밥을 덮어 거의 보이지 않게 하여 도전해보고,
그다음 단계로 다양한 재료를 넣어 주먹밥이나 볶음밥에 도전해본다

A 16　카레라이스 등 쌀밥이 안 보이는 메뉴에 도전한다.

밥 냄새나 맛, 식감 등이 싫어서 고집부리는 것일 수도 있다. 또 '그릇에 담긴 상태'에 대한 저항일 수도 있다. 거부가 강한 경우는 그릇에 밥 담는 것을 돕거나 직접 담게 하는 것으로 시작하자.

이 경우는 '카레라이스라면 조금 먹을 수 있다'여서 '쌀밥은 보기만 해도 싫은' 정도는 아닌 것을 알 수 있다. 맨밥에 바로 도전하기보다는 하이라이스나 리소토처럼 먹을 수 있는 음식의 종류를 늘려본다.

다음은 덮밥류로, 주재료로 쌀밥을 덮어 거의 보이지 않게 하여 도전해보고, 그다음 단계로 다양한 재료를 넣어 주먹밥과 볶음밥에 도전해본다. 밥 위에 김자반을 뿌려주면 김자반만 먹으니 밥 위에 뿌리기보다는 미리 비벼서 주면 더 좋다. 아이가 스스로 뿌리려고 한다면 김자반을 조미료 병에 넣거나 도시락용의 작은 그릇에 담아주거나 해서 필요 이상으로 많이 먹지 않도록 한다.

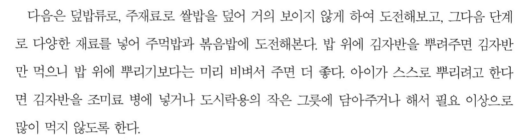

잠깐! TIP

 소아섭취장애 유형 7가지

러셀 J. 메리트 박사를 포함한 글로벌소아섭취장애연구회에서 소아섭취장애 유형을 7가지로 체계화했다. 첫째 아이들이 가장 많이 겪는 '주의 산만형', 둘째 음식에 예민하게 반응해 편식하는 '예민성 음식 거부형', 셋째 부모의 과잉 기대로 인한 '부모 오인형', 넷째 외상 후 섭취장애 '섭취 불안형', 다섯째 돌보는 사람과 상호작용 부족에 의한 '상호작용 부족형', 여섯째 건강 이상으로 인한 섭식장애 '건강 이상형', 마지막 일곱째 산통으로 인한 음식 섭취 방해 '영아 산통형'이다.

Q 17 거의 씹지 않고 빨리 먹어요

경도의 지적장애가 있는 초등학교 저학년 남자아이입니다. 밥을 골고루 먹지 않고 좋아하는 반찬과 밥만 먹는데, 너무 급히 먹습니다. 거의 씹지 않고 넘겨버리는 듯 5분도 안 돼서 식사가 끝나버립니다. 밥을 다 먹으면 바로 게임을 합니다.

골고루 먹게 하기 위해서는 먹는 순서를 시각적으로 표시하고,
그를 마치 게임을 하듯 즐겁게 따르게 하는 방법도 있다

A 17 밥을 조금 담아 조금씩 더 먹게 한다

골고루 먹지 않거나 빨리 먹는 문제는 극단적인 편식에 비하면 우선순위가 낮은 편이다. 빨리 먹는 것은 건강상의 우려가 다소 있지만, 편식하거나 빨리 먹는 것은 문제행동이라기보다는 식사 매너와 관련된 문제다. 중도 이상의 지적장애가 아니라면 어느 정도는 나이가 많아지면 차츰 나아지고 고쳐진다.

맛에 민감한 아이는 입안에서 맛이 섞이는 것이 싫어서 여러 음식을 함께 먹는 것을 힘들어할 수도 있다. 충동성이 높은 아이는 '좋아하는 것'부터 먹어버리는 경우가 많다.

빨리 먹는 버릇이 있는 아이는 일단 먹기 시작하면 '천천히 먹어요', '꼭꼭 씹어 먹어요'와 같은 지시가 전혀 들리지 않을 가능성도 있다. 이 사례는 '빨리 먹은 다음에 좋아하는 활동을 하고 싶어'라는 요인도 있다.

천천히 시간을 가지고 먹게 하는 방법으로 그릇에 담는 양을 줄이고 여러 번 더 먹도록 유도할 수도 있다. 이 방법은 과식을 방지하는 데도 사용한다. 더 먹으려고 다시 그릇에 담는 동안 시간이 흘러서 배부른 느낌을 더 빨리 느낄 수 있으며, 더 먹는 횟수에 제한을 두는 방법으로도 사용할 수 있다.

골고루 먹게 하기 위해서는 먹는 순서를 시각적으로 표시하고, 그를 따르게 하는 방법도 있다. 즐겁게 게임처럼 진행하고 무리하지 않도록 주의한다.

Q18 잘못된 생각으로 밥을 잘 안 먹으려고 해요

> 초등학교 3학년의 일반 남자아이입니다. 원래부터 편식이 심했는데, 급식 시간에 편식 지도를 받고는 아예 등교조차 안 하려 합니다. 어느 날 급식 후에 배가 아팠던 일을 계기로 '밥을 먹으면 배가 아파'라고 생각해버리게 되었습니다. 그 이후로 식사량이 줄어들고 체중도 줄어들고 있어서 걱정입니다.

'잘못된 생각'을 부정하는 것으로 시작하면, 자신을 부정당한다고
여길 수 있으므로, 처음에는 '설명을 듣는다'만을 목표로 한다

아이의 생각을 부정하지 말고 끈질기게 접근한다

이 사례는 엄격한 편식 지도로 인해 등교 거부로 확대되고, 학교에서 일어난 복통에 대해 '밥 먹은 뒤에 생겼다'라는 잘못된 생각을 해버린 결과, 거식 경향이 생긴 것으로 생각된다.

이 경우 말고도 '자신의 잘못된 생각'으로 인해 회피 기능을 가진 고집스러운 행동이 생기는 경우가 있다. 이때는 말로 엄하게 설득하려고 해도 좀처럼 설득되지 않는다. 필요에 따라 의료기관과 상담하면서 아이의 수준에 맞춰 대응하는 것이 좋다.

 ABC 분석으로 문제행동 객관화하기

먹지 않음으로써 복통에 대한 불안을 줄이는 회피 기능이다. 이 경우 회피하는 것은 복통 자체가 아니라 '복통이 올까 봐'라는 불안이란 점에 주목한다.

| 회피 기능 |

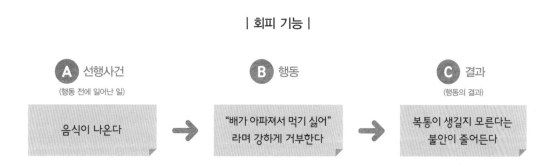

Step 2　바람직한 행동 정하기

잘못된 생각을 해소하고 적절히 먹게 하는 것이 최
종 목표지만, 처음 시작할 때는 '설명을 듣는다'만을
목표로 한다. 그런 후 다음 단계에 '아이 자신이 먹
을 수 있을 것 같은 음식을 고르게 하여 먹게 한다'
로 정한다. 이 경우 몇 가지 반찬을 조금씩 작은 접
시에 담아서 아이가 직접 선택할 수 있도록 한다.

Step 3　사전 대응책 연구하기

| 잘못된 생각에서 벗어나 밥 먹게 하는 6단계 |

1 단계　주변에서 아이의 생각이 잘못된 것이라고 부
정하면 할수록 아이는 궁지에 몰리게 된다. 아이의 생
각을 부정하지 말고 '새로운 규칙을 같이 배운다'라는
자세로 열심히 가르친다.

2 단계　아이가 식사해야 하는 이유를 납득할 수 있
도록 시각적으로 알기 쉽게 설명한다. 예를 들어 카툰
으로 표현한 그림을 아이에게 보여주면서 그 안에 있
는 문장을 반복하여 읽어준다.

3 단계 상황에 따라 필요하다면 복통이 일어나는 이유에 대한 설명도 추가한다. 처음 단계에서는 설명을 끝까지 듣는 것만을 목표로 토큰을 얻을 수 있도록 강화한다.

4 단계 며칠 동안 진행해서 아이가 저항 없이 설명을 들을 수 있게 되면 다음 단계로 넘어간다. '이대로 먹는 것을 거부하면 어떻게 되는가', '체중이 줄면 입원해야 할지도 모른다', '입원을 하면 좋아하는 게임도 할 수 없다', '입원하지 않으려면 어떻게 행동해야 할까'처럼 설명하는 내용을 확장한다.

5 단계 아이가 스스로 식사를 개선해보려는 모습을 보이면 아이 취향에 맞고 먹기 좋은 형태의 고칼로리 영양보조식품을 여러 가지 준비한다. 영양보조식품에는 음료, 젤리, 과자, 케이크 등 다양한 형태와 맛이 있으니 가까운 약국이나 마트에서 찾아본다. 그중에서 아이가 먹을 만한 것을 스스로 고르게 하고 정한 목표대로 먹으면 토큰을 주거나 다른 보상을 준다.

6 단계 식사량이나 체중을 그래프로 그려봄으로써 동기를 부여할 수 있다. 만약 체중에 집착하는 경우라면 체중을 근육량이나 체지방 등의 수치로 전환하여 그것을 목표로 도전해보자.

Step 4 문제행동에 대응하기

'잘못된 생각'을 부정하는 것으로 시작하면, 아이는 자신을 부정당한다고 여기게 될 수도 있다. 식사나 영양보조식품을 한 입, 또는 쌀알처럼 적은 양 등 목표량을 낮춰서 조금이라도 입에 넣을 수 있도록 한다. 아이가 저항이 너무 강해서 식사를 거부하는 기간이 며칠이나 이어진다면 병원에 가서 전문가의 도움을 받을 것을 추천한다.

잠깐! TIP

 스몰 스텝

스몰 스텝(small step)은 목표 행동을 여러 단계로 나눠서 차근차근 변화할 수 있게 하는 방법이다. 우리의 뇌는 본능적으로 변화를 싫어한다. 매번 '작심삼일'에 그치는 이유이기도 하다. 하지만 아주 작은 변화는 뇌도 인지하지 못한다. 따라서 아주 작은 변화에서 시작해서 자연스럽게 큰 변화로 옮겨 가는 전략을 스몰 스텝 전략이라고 한다. 갑작스러운 변화에 대한 거부감을 없애주는 것이다.

전략 시트 : 잘못된 생각으로 밥을 잘 안 먹으려고 해요

A : 선행사건
(행동 전에 일어난 일)

언제, 어디서, 누구와,
무엇을 할 때?
(행동이 나타나지 않을 때는 빨
간색으로 기입)

음식이 나온다.

B : 행동

구체적으로 기입하기

"배가 아파져서 먹기 싫어"
라며 강하게 거부한다.

C : 결과
(행동의 결과)

- 요구 · 관심받기
- 회피
- 자동강화 · 기타

복통이 생길지 모른다는 불안
이 줄어든다.

사전 대응책 연구

- 문제행동 일어나지
  않게 하기 ✔
- 바람직한 행동 하기 ✔

* 음식의 소화 과정에 관한
  그림 자료를 준비해 설명
  한다.
* 거식 상태가 이어질 경우
  미래 예측(단점) 표로 만
  들어 설명한다.
* 아이의 취향에 맞춘 먹기
  쉬운 고칼로리 식품을 여러
  개 준비한다.
* 행동계약과 토큰경제를 준
  비한다.

바람직한 행동

- 지시 따르기 기술 ✔
- 의사소통 기술
- 여가 활동 기술 · 기타

* 설명을 듣는다.
* 결정한 분량만 골라 먹는다.

강화 방법

- 칭찬 ✔ · 보상
- 좋아하는 활동 ✔
- 토큰경제 ✔ · 기타

* "열심히 해줬구나" 하고 칭
  찬한다.
* 토큰경제로 게임 시간 등
  좋아하는 활동과 교환하
  게 한다.

문제행동 대응법

- 과제 성공하도록 도움 ✔
- 침착해지도록 도움

* 아이 생각을 부정하지 않고
  충분한 설명을 반복한다.
* 계속 거부하면 의료기관과
  상담한다.

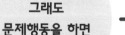

그래도
문제행동을 하면

Q19 먹을 것에 집착이 심하고, 편식도 심해요

> 경도의 지적장애가 있는 만 6세 남자아이입니다. 집과 유치원에서 먹는 음식에 대해 집착이 심하고, 집착하는 음식 이외엔 먹으려 하질 않아요. 집에서는 "이건 유치원에서 먹는 거야"라며 먹지 않으려 하고, 집에서 먹겠다고 정해놓은 것만 달라고 울면서 요구합니다.

집에서는 먹지 않지만 유치원에서는 먹는 반찬 한 가지를 정한 후
조리하는 방법, 사용하는 식기와 순서 등을 동일하게 준비한다

A 19 한 가지 반찬을 정해 맛, 그릇 등 환경을 바꿔본다

일반적으로 편식은 연령이 높아짐에 따라 변한다. 이 사례는 장소에 따라 먹을 것이 달라지는 문제이므로, 먹을 수 있는 음식이 거의 없는 중증 편식과 비교하면 그렇게 큰 문제는 아니다. 하지만 식사를 준비하는 쪽에서는 문제행동으로 여겨질 것이다.

장소와 먹을 것을 짝지어서 그것에 집착하는 아이들이 생각보다 많다. 식기나 앉는 장소에 따라 먹을 것을 바꿔야 하는 경우도 있다. 겉으로는 같아 보이지만, 집과 유치원에서 사용하는 식재료의 굳기 정도나 맛이 미묘하게 달라서 감각이 예민한 아이들에게는 큰 차이로 느껴질 수 있다.

중재하기 위해 모든 것을 한 번에 해결하려고 하지 말고, 먼저 장소에 따라 '먹을 수 있는 것', '예전에 먹었던 것'의 리스트를 만든다. 그중에서 실행하기 좋은 것부터 시작한다. 예를 들어 유치원에서는 먹는데 집에서는 먹지 않는 반찬을 한 가지로 좁혀보자. 그 반찬을 유치원에서 조리하는 방법, 먹을 때 사용하는 식기나 상황, 순서 등을 알아보고 집에서도 아이가 먹기 좋은 상태가 되도록 준비한다.

아이에게 그 반찬을 줄 때는 아주 적은 양으로 시작한다. '먹으면 좋은 일이 생긴다'라고 아이가 알 수 있도록 약속이 그려진 그림카드를 보여주면서 아이의 동기를 높인다.

집착이 강한 경우나 컨디션이 별로일 때는 무리하지 말고 '한 입만 먹는다', '냄새를 맡는다', '식기를 스스로 정리한다'와 같이, '전부 먹는다'라는 목표의 벽을 낮춰서 아이에게 실패하는 경험을 만들지 않도록 한다.

화장실에 안 가고 일부러 기저귀 차고 소변을 봐요

> 만 4세의 일반 남자아이입니다. 화장실이 싫은 건지 기저귀에 집착이 있는 건지 언제부턴가 일부러 '기저귀'를 차고 소변을 봅니다. 그래서 변기에 앉아서 볼일을 보게 할 수 없어요.

화장실이 아이에게 좋은 장소가 되도록 환경을 바꿔본다

 **화장실에서 볼일을 보도록 스몰 스텝으로 돕는다**

소변이 마려우면 기저귀로 갈아입는 것으로 볼 때 소변이 마렵다는 것을 인지한 뒤에 배설하고 있다고 생각된다. 화장실이 싫은 건지, 기저귀에 배뇨하는 것에 집착하는 것인지 순으로 생각해본다.

　대응으로는, 화장실 자체가 싫은 장소가 되지 않도록 환경 설정을 하고, 조금씩 화장실에 가까이 가다가 안으로 들어갈 수 있도록 한다. 그 뒤에도 스몰 스텝으로 변기에 앉는 것을 도와주고, 착실하게 다음 단계로 진행한다.

배변 문제

Step 1 ABC 분석으로 문제행동 객관화하기

기저귀로 갈아입고 배설하는 행동의 기능을 살핀다. '화장실 안에 있는 무엇인가의 자극이 싫어서 화장실을 회피한다', '팬티가 젖은 경험이 있는데, 그때의 느낌이 싫어서 팬티를 입은 채로 배설하는 것을 회피한다'와 같은 회피 기능과, '기저귀에 배설하는 느낌이 쾌적한 자극이 된다'와 같은 자동강화 기능도 포함되어 있다. 또 위의 내용이 모두 복합적으로 기능하고 있을 수도 있다. 아이를 지도하다 보면 어떤 요인인지 확인할 수 있을 것이다.

| 회피 기능 |

| 자동강화 기능 |

A 선행사건 (행동 전에 일어난 일)	**B** 행동	**C** 결과 (행동의 결과)
스스로 마려움을 느낄 때	기저귀로 갈아입고 소변을 본다	감각적으로 기분이 좋아진다

Step 2 **바람직한 행동 정하기**

최종적으로는 '변기에 앉아서 소변을 본다'가 목표가 된다.

| '화장실에서 볼일 보기' 가르치기 5단계 |

1단계 '젖은 기저귀를 화장실에 가져가서 버린다'부터 시작한다.

2단계 화장실에 기저귀를 가져다 놓고 거기서 기저귀로 갈아입고 변을 본다.

3단계 기저귀를 한 채로 변기에 앉아서 변을 본다.

| '화장실에서 볼일 보기' 가르치기 5단계 |

> **4 단계** 기저귀를 벗고 변기에 앉아서 변을 본다.

> **5 단계** ③과 ④가 잘 이루어지지 않을 때는 배설과 관계없이 '앉는 것'만 연습하고, 서서히 시간을 점점 늘린다.

Step 3 **사전 대응책 연구하기**

| '화장실에서 볼일 보기' 유도하기 5단계 |

> **1 단계** 화장실이 아이에게 좋은 장소가 되도록 연구한다. 예를 들면 '화장실 안에서만 할 수 있는 놀잇감을 놓는다', '아이가 좋아하는(집착하는) 캐릭터의 변기 커버나 매트로 바꾼다'와 같은 방법이다.

> **2 단계** 겨울철 화장실 안이 추울 경우, 이 때문에 화장실을 싫어할 수도 있다. 그때는 화장실 안에 난방 기구를 놓거나 변기 시트의 온도를 높이는 것이 좋다.

| '화장실에서 볼일 보기' 유도하기 5단계 |

3 단계 물 내릴 때의 소리가 무서울 수도 있다. 그때는 '물을 내리지 않아도 괜찮다' 같은 방법을 생각해볼 수 있다.

4 단계 변기에 일정 시간 앉게 하려면 타이머를 사용하거나 스마트폰으로 적당한 길이의 영상을 보여주는 것도 좋다.

5 단계 아이가 싫어하는 것에 도전하거나 아이가 집착하는 어떤 것을 바꿀 때에는 목표로 하는 행동을 달성했을 때의 보상이 반드시 중요하다. 토큰을 활용하며 아이가 즐길 수 있는 강화제 설정을 생각해본다.

Step 4 문제행동에 대응하기

이 사례는 일단 할 수 있었던 상태에서 퇴보하는 경우이므로, 신중하게 천천히 중재를 진행해야 한다. 초조해하지 말고 실패하지 않도록 스텝 업 하는 것이 중요하다. 그래도 실패할 때는 젖은 기저귀를 스스로 화장실에 가져가서 지정된 장소에 버릴 수 있도록 유도한다.

전략 시트 : 화장실에 안 가고 일부러 기저귀 차고 소변을 봐요

A : 선행사건
(행동 전에 일어난 일)

언제, 어디서, 누구와, 무엇을 할 때?
(행동이 나타나지 않을 때는 빨간색으로 기입)

* 스스로 마려움을 느낄 때
* 집에서 엄마가 화장실로 데리고 가려 할 때

→

B : 행동

구체적으로 기입하기

기저귀로 갈아입고 소변을 본다.

→

C : 결과
(행동의 결과)

* 요구　· 관심받기
* 회피
* 자동강화 ✔　· 기타

* 화장실에 안 가도 된다.
* 팬티가 축축해지지 않는다.
* 기저귀 안에 소변을 봤을 때 쾌감을 느낀다.

사전 대응책 연구
* 문제행동 일어나지 않게 하기 ✔
* 바람직한 행동 하기 ✔

* 화장실 안을 아이가 좋아할 만한 환경으로 만든다.(좋아하는 캐릭터, 좋아하는 색, 냄새, 온도 등)
* 새로운 기저귀나 사용한 기저귀를 화장실 안에 놓는다.
* 타이머나 스마트폰 영상 등을 이용해 변기에 일정 시간 앉아 있도록 한다.

→

바람직한 행동
* 지시 따르기 기술 ✔
* 의사소통 기술
* 여가 활동 기술　· 기타

① 젖은 기저귀를 화장실에 가져가 버린다.
② 화장실에서 기저귀로 갈아입고 변을 본다.
③ 기저귀를 한 채로 변기에 앉아서 변을 본다.
④ 기저귀를 벗고 변기에 앉아서 변을 본다.

→

강화 방법
* 칭찬 ✔　· 보상 ✔
* 좋아하는 활동
* 토큰경제 ✔　· 기타

* "열심히 했구나" 하고 칭찬한다.
* 좋아하는 캐릭터 스티커를 주며 토큰경제를 사용해 칭찬한다.

문제행동 대응법
* 과제 성공하도록 도움 ✔
* 침착해지도록 도움

변을 실수했을 때 뒤처리를 하게 한다.

→

그래도 문제행동을 하면

→

Q 21 용변이 급해 보이는데도 참아요

> 중도의 지적장애가 있는 만 5세 남자아이입니다. 항상 응가가 마려운 몸짓을 하고 있으면서도, 참으면서 응가를 하지 않으려고 해요.

화장실이 아닌 방에서 인형을 가지고 휴지 사용과
엉덩이 닦는 법을 사전에 함께 연습한다

A 21 같이 화장실에 가자고 해본다

배변 참는 이유를 다양하게 생각해본다. 예를 들어 '화장실에서 일정 시간 앉아 있는 것이 싫어서', '좋아하는 활동을 중단하기 싫어서', '배변 뒤에 처리를 어떻게 해야 할지 몰라서', '손에 변이 묻을 것 같은 불안 때문에 휴지로 닦을 수 없어서' 등이 있을 수 있다.

이럴 때 앞의 사례 '화장실에 안 가고 일부러 기저귀 차고 소변을 봐요'(190쪽 참고)에서 이야기한 것처럼 화장실의 환경을 바꾸는 것과 함께 스몰 스텝으로 화장실에 가까이 가고 조금씩 변기에 앉을 수 있도록 한다. 이 과정이 어려우면 휴대용 변기라도 사용해서 변을 배출하는 것을 먼저 목표로 한다.

처리 방법을 구체적으로 가르치고, 사전에 함께 연습하는 것도 필요하다. 화장실 휴지를 어느 정도 사용하면 좋은지 시각적으로 알 수 있도록 하고, 닦는 법을 순서표로 만들어서 붙이는 것도 좋다. 화장실이 아닌 방에서 인형을 가지고 엉덩이를 닦는 법을 연습하는 것도 효과적이다.

배변을 참고 있는 몸짓이 발견될 때는 '같이 화장실에 가자'고 해본다. 그때 배변을 하지 못했더라도 '화장실에 갔다는 것', '변기에 앉았다는 것'을 칭찬하는 것도 중요하다.

원래 변비가 있으면 딱딱한 변이 나올 때 항문이 찢어지기 때문에 그 아픔을 또 느끼기 싫어서 변을 안 보려고 하는 경우도 있다. 이런 경우, 참으면 변비가 심해지고 변이 더 딱딱해지는 악순환이 반복된다. 변을 부드럽게 하기 위해 섬유질이 풍부한 채소를 많이 먹이거나 요거트나 유산균을 먹이는 등 조치를 취하고 휴대용 변기라는 해결책도 생각해본다. 관장을 하거나 의료기관에서 처방받은 약을 복용하면서 변비를 완화하는 것도 고려할 수 있다.

소변 볼 때 엉덩이를 다 내놓아요

> 중도의 지적장애가 있는 초등학교 2학년 남자아이입니다. 바지를 다 내리고 엉덩이를 다 내놓은 상태가 아니면 소변을 잘 보지 못해요. 집에서는 물론이고, 외출해서도 마찬가지입니다. 엉덩이를 내놓지 않고 소변을 보게 하고 싶은데, 어떻게 안 될까요?

| 용변 보는 순서도 |

A 22 용변을 보는 순서를 시각적으로 보여준다

먼저 아이가 성기를 잘 잡을 수 있는지, 서서 소변을 볼 수 있는지 등을 확인한다. 그런 다음에 목표 행동으로 '바지를 입은 채로 성기만 내놓고 소변을 본다'를 정한다. 그 전제조건으로 아이의 손가락 움직임을 체크해볼 필요가 있다. 예를 들어 바지의 버튼을 풀 수 있는지, 지퍼를 잡은 채 올리고 내릴 수 있는지 확인한다. 이것을 못 한다면, 지퍼 부분을 쉽게 여닫을 수 있도록 옷을 리폼하는 등 아이의 부담을 줄이기 위한 준비가 필요하다.

그런 다음에 아이가 이해할 수 있을 경우 "이제 2학년이니까 지퍼 있는 바지도 입고, 엉덩이도 내놓지 말고 소변을 보자"라고 설명한다.

용변을 볼 때는, 자기 엉덩이를 볼 수 없기 때문에 엉덩이가 나온 것을 의식하지 못하는 아이도 있다. 그렇기에 창피함을 느끼지 못하는 것이다. '엉덩이가 나와 있다는 사실'이나 '엉덩이를 내놓지 않고 변을 보는 순서'를 그림카드나 순서도처럼 시각적으로 이해하기 쉽게 만들어서 보여주면 더욱 좋다.

잠깐! TIP

 그림이나 사진으로 보여주는 TEACCH

뭔가를 어떻게 해야 하는지를 알려주는 좋은 방법의 하나는 그림과 같이 눈으로 보고 이해할 수 있도록 구조를 만들어주는 것이다. 이처럼 눈으로 보고 직관적으로 알기 쉽게 만드는 것을 '구조화'라고 한다. 이처럼 물리적 환경을 구조화하고 그림이나 사진으로 각종 지시나 스케줄을 알려주는 등의 전략을 제시한 프로그램을 '티치(TEACCH)'라고 한다. 티치는 자폐 연구 프로그램으로 미국 노스캐롤라이나 대학교의 에릭 쇼플러에 의해 1970년대 개발되었다.

아이에게 행동 교정 알려주기

어른들은 아이가 생각한 대로 행동하지 않을 때 "안 돼! 몇 번을 얘기해야 알겠니?", "어째서 ○○하지 않는 거니?" 등 의문형이나 부정형 감정으로 부딪히기 마련이다.

일반 아이나 자폐 아이도 혼나고 있다는 사실은 이해한다. 하지만 이렇게 혼내면 아이의 행동이 교정되지 않는다. 아이가 "죄송합니다"라고 사과하도록 할 수는 있겠지만, 해결 방법을 배우지 않으면 또 같은 실패를 해버릴 것이다. 몇 번이고 실패하면 부모나 주변 어른들은 '그렇게 말했는데!'처럼 더욱 감정적으로 화내게 될지도 모른다.

아이에게 꼭 알려줘야 할 것은 '문제가 되지 않도록 어떻게 해야 할까', '곤란한 상황에서는 어떻게 하면 좋을까', '자기는 괜찮지만 다른 사람이 곤란해할 때는 어떻게 해야 할까' 등이다.

아이에게 알려줄 때의 포인트

아이에게 문제행동을 교정하기 위해 뭔가를 알려줄 때는 요령이 필요하다.

첫 번째는 어떻게 하면 좋을지를 구체적으로 알려준다. '제대로', '바르게'와 같은 추상적인 표현이 아니라 '6시까지 정리한다', '알림장을 보고 일과를 체크한다'처럼 구체적인 숫자나 행동으로 알려준다.

두 번째는 긍정적인 지시다. '밥 먹을 때는 서서 돌아다니지 않아요. 예의 없잖니'처럼 말하는 것이 아니라 '앉아서 먹어요'로 바꿔 말하는 것이 간결하고 전달이 잘된다.

세 번째는 시각적으로 이해하기 쉽도록 보여준다. '바른 자세'는 말로는 알기 어렵지만, 사진이나 그림으로 시각화해서 보여주면 이해하기 쉽다. 사회적인 문맥에 대해서는 아이의 장점을 인정하면서 소셜스토리라는 교재를 만들어 부모와 같이 읽는 방법도 있다. 읽으면서 부모도 냉정하게 대응할 수 있다.

네 번째는 스몰 스텝이다. '학교에서 돌아와 택배가 와 있으면 아빠에게 전화해. 만약 택배가 없으면…'처럼 조건이 있는 문장은 이해하기 어렵다. 한꺼번에 여러 가지 정보를 전달하려고 하지 말고, 지시를 조금씩 나눠서 시각화해서 알기 쉽게 한다.

다섯 번째는 아이 스스로 답을 찾는 것이다. '욕조에 들어가세요'가 아니라 '몇 시에 목욕하고 싶어?'나 '목욕 시간은 8시야, 8시 30분이야?'처럼 A or B로 물어보는 것도 좋다.

마지막 여섯 번째는 아이가 납득할 수 있도록 전달하는 것이다. 이것은 알려주는 방법 중에서 가장 어려운 것인데, 바꿔 말하면 아이에게 그 행동을 하지 않으면 어떤 장점이 있는지를 알기 쉽게 설명하는 것이다. 어떤 의미(장점)가 있는지를 아이의 눈높이와 사고 수준에 맞춰 알려주는 것이 포인트다. 또한 아이가 사춘기라면 부모 외에 상담이나 조언을 해줄 수 있는 사람을 찾는 것도 중요하다.

Q23 아침에 늦게 일어나서 항상 지각해요

> 초등학교 2학년 일반 남자아이입니다. 아침에 정해진 시간에 깨워도 좀처럼 일어나질 않습니다. "얼른 일어나!"라고 엄하게 말하면 굉장히 기분이 안 좋아지고, 어떨 때는 폭언과 폭력을 휘두릅니다. 지각할 것 같은 시간이 되어서야 겨우 일어납니다. 최근에는 지각하게 된 것에 화를 내는 등 가족에게 화풀이까지 시작했습니다.

아이를 깨울 때 '안 일어나면 지각해!'리며 재촉하는 말을 하면, 그 자체를
불쾌하게 여겨서 일어나지 않을 수 있으므로, 이런 말투는 피한다

 **A 23** 뭔가 부담이 되는 상황이 있는 건 아닌지 확인한다

소풍 같은 기대되는 이벤트가 있는 날은 어떤지 확인한다. 잠기운에 취해 불쾌해하면서도 자연스럽게 일어나는지 본다. 토요일, 일요일에는 문제없이 일어나면, '학교에 가기 싫다'라는 심리적인 문제가 숨겨져 있을 가능성이 높다. 그런 경우면 일어나는 것뿐 아니라 옷 갈아입기와 아침 식사 등 모든 것에 강한 저항을 보일 것이다.

아침에 시간 맞춰 일어나기 위한 방법을 강구함과 동시에 학교에서 아이에게 부담이 되는 상황은 없는지 확인한다. 특정 수업이나 활동, 교우 관계, 교사와의 관계 등을 알아본다. 담임 교사와 이야기해서 아이가 부담을 느끼는 부분을 배려해달라고 부탁한다. 아이가 학교생활의 어떤 부분에서 어려움을 느끼는지 표현할 수 있는 환경을 만드는 것도 중요하다. (칼럼 '학교에서 힘든 상황 파악하기', 245쪽 참고)

사전의 대응책으로는 예를 들어, 전날 밤 일찍 자도록 해서 수면 시간을 충분히 확보하는 것은 물론이고, '휴대전화 기상 알람을 좋아하는 노래로 하기', '창문을 열어서 방을 밝게 하고 바깥바람을 통하게 하기', '아침에 일어나면 아이가 즐거운 경험을 할 수 있도록 준비해두기' 등이 있다.

다시 잠드는 것을 방지하기 위해 토큰경제를 활용해도 좋다. '이불 속에서 눈뜨기'가 아니라 다시 잠들지 않게 할 만한 활동, 예를 들어 '일어나서 옷 갈아입기', '일어나서 세수하기'에 점수를 준다. 또 스스로 일어나는 데 동기 부여가 되도록 점수에 차이를 주는 것도 좋다. 예를 들어 '알람만으로 일어나면 2점'과 같은 것이다. 아이를 깨울 때 '안 일어나면 지각해!'라며 재촉하는 말을 하면, 그 자체를 불쾌하게 여겨서 일어나지 않을 수 있으므로, 이런 말투는 피한다. 아침에는 부모도 시간적으로 여유가 없을 때가 많으므로, 아이가 일어나는 시간뿐 아니라 부모가 일어나는 시간과 오전 일과표를 조정하는 것도 필요하다.

단체활동

Q24 규칙에 맞춰 한 줄로 걸어가는 것을 무척 힘들어해요

> 경도의 지적장애가 있는 초등학교 1학년 남자아이입니다. 일렬로 줄 서서 걸어가는 규칙을 지키기 힘들어합니다. 종종 앞에 있는 사람을 추월하거나 열에서 벗어나곤 합니다.

어른이 동행할 경우 맨 뒤에서 아이와 나란히 함께 걷다가 횡단보도에서
멈출 때마다 "○○의 뒤를 잘 걷고 있구나"라고 말하며 적극 칭찬해준다

A 24 먼저 등하교 시의 행동을 구체적으로 기술한다

유치원이나 학교 등에서 외부 활동할 때 사람들이 많은 곳에서는 안전을 위해 일렬로 줄 서서 가야 할 경우가 있는데, 이를 잘 지키지 않는다면 문제가 된다. 먼저 '규칙대로 줄 서서 걷지 못하는' 모습을 잘 살핀 후 행동을 구체적으로 기술해본다. 예를 들어 '나란히 걷는 것을 어려워하고, 앞의 줄을 잘 따라가지 못하고 천천히 걷는다', '갑자기 멈춰 서서 떨어진 물건을 쳐다보거나 줍는다', '앞의 사람들을 추월해버린다', '앞에 서 있는 사람의 물건을 건드리거나 손발로 쿡쿡 찌른다', '수다를 떨면서 걷는다' 등이다.

담임 교사에게 주의를 너무 많이 받아서 관계가 나빠져 등교를 거부하는 아이도 있을 수 있다. 이를 방지하기 위해서는 미리 주위 아이들에게 이야기해서 양해를 구하고, 또 아이에게 무슨 일이 생기면 부모에게 연락하도록 미리 이야기해두는 것도 좋다. 또 미리 "○○의 뒤를 따라 걷는다" 등과 같은 규칙을 쉽게 이해할 수 있게 표시한 약속 카드를 만들어두었다가 아이에게 건넨다. 담임 교사에게도 아이를 대할 때의 말투나 주의 사항 등을 미리 알려주는 것도 한 방법이다.

만약 어른이 동행한다면, 열의 맨 뒤에서 아이와 나란히 함께 걷는다. 아이가 횡단보도 앞에서 멈출 때마다 "○○의 뒤를 잘 걷고 있구나"라고 말하면서 적극 칭찬해준다. 익숙해지면 어른은 '① 사선으로 조금 뒤에서 걷는다 → ② 아이 뒤에서 걷는다 → ③ 뒤에서 조금 떨어져서 걷는다'처럼 스몰 스텝으로 서서히 아이에게서 떨어져서 걷는다. 결국에는 아이 혼자서 갈 수 있도록 해준다.

단체활동

Q25 "왕따당했다"고 종종 말해요

경도의 지적장애가 있는 초등학교 4학년 남자아이입니다. 학교에서 집으로 돌아와 "오늘 어땠어?"라고 학교에서 있었던 일을 물으면 "왕따당했어"라고 말할 때가 있습니다. 걱정스러운 마음에 아이에게 구체적인 상황을 물어보고 그 내용을 담임 선생님께 전해도 학교에서는 우리 아이가 말한 상황은 없었다고 합니다. 아이가 거짓말을 하는 걸까요? 어디까지가 진짜인지 알 수 없어요.

먼저 신중하게 아이의 이야기를 들은 후, 구체적으로 질문하면서 '무슨 일이 있었나' 하는 객관적인 사실과 '아이가 어떤 기분이었나' 하는 주관적인 사실을 나눠서 파악한다

A 25 신중하게 아이의 이야기를 들어준다

'왕따당했어'라는 말이 사실일지 거짓일지를 초조하게 판단하지 말고, 먼저 냉정하고 신중하게 아이의 이야기에 귀를 기울일 필요가 있다. '상대방 아이들과 소통하는 과정에서 오해가 생긴 것은 아닌지', '설명하는 기술이 부족해서 왕따당했다고 표현할 가능성은 없는지', '아이가 워낙 예민해서 작은 접촉에도 과하게 반응하는 것은 아닌지' 등도 고려해가면서 이야기를 객관적으로 들어본다.

아이에게 구체적인 질문을 하면서 '무슨 일이 있었나' 하는 객관적인 사실과 '아이가 어떤 기분이었나' 하는 주관적인 사실을 나눠서 파악한다.

이때 "오늘 어땠어?", "~라고 느낀 거지?"처럼 추상적인 질문이나 유도하는 질문은 하지 않도록 주의한다. '언제', '누가', '어디서', '무엇을 했는가'처럼 구체적인 사실을 밝히는 질문, 또는 '예'나 '아니요'로 대답할 수 있는 질문을 한다.

예를 들어 "쉬는 시간에는 누구랑 놀았니?", "뭐 하고 놀았어?", "○○랑 놀 때 어떤 기분이었어?"처럼 구체적으로 물어본다. "○○이 싫은 행동을 했어?"와 같은 경우에는 "○○은 뭐 하고 있었어?", "뭐라고 말했어?"처럼 객관적인 사실을 묻고, "○○이 그렇게 말해서 네가 싫었구나"처럼 아이의 기분을 구별해서 들어준다. 상황을 그림으로 그리면서 물어보면 더 이해하기 쉬울 수도 있다.

아이가 말하는 내용에 따라 선생님에게 연락할 필요가 있다. 실제로 아이가 왕따를 당했다면 어떻게 대응할지 담임 교사와 상의한다.

단체활동

어려운 과목의 숙제는 화를 내면서 거부해요

"초등학교 4학년의 일반 남자아이입니다. 귀가하면 바로 게임을 시작합니다. "숙제는?"이라고 물으면 바로 화를 냅니다. 좋아하는 과목의 숙제는 할 때도 있습니다. 하지만 어려워하는 수학은 숙제하라고 시키면 큰 소리를 지르거나 난폭하게 굽니다. 숙제하지 않았다고 담임 선생님께 야단을 맞아서 학교에 가기 싫어할 때도 있습니다."

처음부터 다른 친구들과 같은 양의 숙제를 목표로 하지 말고,
아이의 역량 범위 내에서 집에서 학습시키고 제출하는 것을 목표로 한다

A 26 좋아하는 과목의 숙제는 한다는 점에 주목한다

이 사례는 학교에 있는 것만으로도 피곤해서, '집에 가면 하고 싶은 대로 다 하고 싶어. 숙제 따위 하고 싶지 않아'와 같은 기분이 되는 것 같다. 이해할 수 있다. 하지만 집에서 전혀 학습하지 않는 것이 습관화되는 것은 좋지 않다. 나중에 학년이 올라갈수록 진급하는 데 어려움이 생길 수도 있다.

다행히 좋아하는 과목의 숙제는 한다고 하니 다른 과목의 레벨을 낮추거나 분량을 줄여보는 방법을 우선 고려해본다. 처음부터 다른 친구들과 같은 양의 숙제를 목표로 하지 말고, 아이의 역량 범위 내에서 집에서 학습시키고 제출하는 것을 목표로 한다. 숙제를 제출하는 방법은 미리 담임 교사와 이야기해서 정한다. 반 전체가 숙제의 종류나 수준, 양을 선택하면 좋겠지만, 한 명의 아이만 특별한 숙제를 한다면 '주위 친구들과 다른 숙제를 하는 것'에 대해 아이 스스로 납득할 수 있어야 한다.

또한 '완벽하게 완성되지 않으면 제출할 수 없어'라는 고집이나 집착이 있는 아이도 있는데, 그럴 때는 어려운 문제가 나왔을 때의 대처법을 연습시킨다.

단체활동

숙제를 제출하는 방법은 미리 담임 교사와 이야기해서 정한다

ABC 분석으로 문제행동 객관화하기

게임할 때는 숙제로부터의 회피 기능이 강하다. 집으로 돌아와서의 일과표를 작성하고, 행동 계약을 시행해보는 등, 숙제하는 시간을 정해두는 것이 중요하다.

| 회피 기능 |

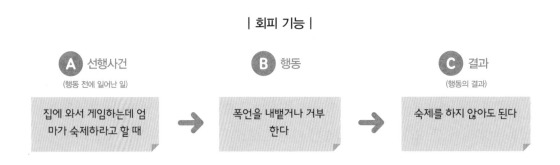

바람직한 행동 정하기

먼저 짧은 시간이라도 가정학습을 하는 것을 목표로 한다. 추가로 어려운 문제가 나왔을 때는 큰 소리로 난폭하게 구는 것이 아니라 '다음 문제로 건너뛰기' 또는 '"가르쳐주세요"라고 말하기'를 목표로 한다.

<table>
<tr><td>Step
3</td><td>사전 대응책 연구하기</td></tr>
</table>

이 사례 경우 숙제보다도 학습 습관을 기르는 데 효과가 좋았던 방법을 소개하였다.

| 효과적으로 학습 습관 기르는 6단계 |

1단계 학습 습관을 기르기 위해서는 먼저 아이와 이야기하며 '언제', '어디서', 얼마나 오래 학습할지를 정하고 일과표를 작성한다.

2단계 '다 끝내면 30분 동안 게임하기'와 같이 보상의 내용을 정하는 행동계약을 실시한다.

다 끝내면 30분 동안 게임해

3단계 학습 공간은 주의를 빼앗지 않는 장소로 하고, 공부와 관계없는 것은 모두 치운다.

4단계 다음으로 타이머나 시계를 사용해서 일정 시간 동안 학습 공간에서 학습이나 숙제를 하도록 한다.

단체활동

| 효과적으로 학습 습관 기르는 6단계 |

잘 앉아 있구나

5 단계 책상에 앉아서 일단 '책이나 워크시트를 꺼내서 뭔가를 하고 있다면 좋다'라고 생각하고, 잘하고 있으면 적극 칭찬해준다. 딴짓하고 있어도 자리에서 일어나지만 않는다면 괜찮다고 생각하고, 지루하게 앉아만 있더라도 주의 주지 않는다. 일정 시간 책상에 앉는 행동을 정착시키기 위함이다.

가르쳐주세요

6 단계 어려운 문제가 나오면 건너뛰거나 '가르쳐주세요'라고 말하도록 유도하기 위해 이 2가지 행동을 적은 메모를 책상에 붙여두는 것도 좋다. 행동을 달성시키기 위해 게임 시간 등 좋아하는 활동과 교환할 수 있는 토큰을 준비한다.

Step 4 문제행동에 대응하기

자리를 뜨거나 딴짓을 해버렸을 경우, 심하게 혼내지 말고 착석하도록 유도한다. 이 기회에 책상에 앉는 시간의 길이나 학습 환경을 바꾸는 상황으로 유도한다. 문제가 어려워서 큰 소리로 화내거나 할 때는 아이가 침착해질 때까지 조금 기다렸다가 "가르쳐주세요"라고 말하도록 한다. 이때 그 자리에서 길게 설명하거나 문제 푸는 힌트를 주는 것은 좋지 않다. 아이가 "가르쳐주세요"라고 말하면 바로 정답을 알려줘서 즉시 강화한다.

전략 시트 : 어려운 과목의 숙제는 화를 내며 거부해요

A : 선행사건 (행동 전에 일어난 일)	B : 행동	C : 결과 (행동의 결과)
언제, 어디서, 누구와, 무엇을 할 때? (행동이 나타나지 않을 때는 빨간색으로 기입)	구체적으로 기입하기	• 요구 • 관심받기 • 회피 ✔ • 자동강화 • 기타
집에 와서 게임하는데 엄마가 숙제하라고 할 때	폭언을 내뱉거나 거부한다.	숙제를 하지 않아도 된다.

사전 대응책 연구	바람직한 행동	강화 방법
• 문제행동 일어나지 않게 하기 ✔ • 바람직한 행동 하기 ✔	• 지시 따르기 기술 ✔ • 의사소통 기술 ✔ • 여가 활동 기술 • 기타	• 칭찬 ✔ • 보상 • 좋아하는 활동 ✔ • 토큰경제 ✔ • 기타

사전 대응책 연구
* 집에서 할 일의 일과표를 같이 정한다.
* 숙제하는 장소와 시간을 정한다.
* 학습 공간을 정비한다.
* 타이머를 사용한다.
* 행동계약을 맺고 숙제한 후 게임 시간을 준다.
* 숙제의 레벨을 낮춘다.
* 숙제를 2종류 준비해서 선택하게 한다.
* 모르는 문제가 나오면 건너뛰거나 "가르쳐주세요" 하고 말하도록 미리 알려준다.

바람직한 행동
* 일정 시간 동안 책상에 앉아 있는다. 이것이 정착되면 일정 시간 동안 앉아서 숙제한다.
* 어려운 문제는 건너뛰거나 "가르쳐주세요" 하고 말한다.

강화 방법
* "열심히 했구나" 하고 칭찬한다.
* 토큰 스티커를 다 모으면 게임 시간을 준다.

그래도 문제행동을 하면

문제행동 대응법
• 과제 성공하도록 도움 ✔
• 침착해지도록 도움

* 혼내지 않고, 다시 착석하도록 한다.
* 어려운 문제의 경우 침착해질 때까지 조금 기다렸다가 "가르쳐주세요"라고 말하게 한 뒤 정답을 알려준다.

Q27 엄마와의 분리가 어려워요

"
자폐 아동이고 만 4세 여자아이입니다. 유치원에 다닌 지 1년이 넘었는데, 아침마다 저와 헤어질 때 강하게 소리 지르고 울고 합니다. 지금은 선생님의 도움을 받아 딸아이를 제게서 떼어내는 상황입니다. 선생님 말에 따르면, 그 뒤의 오전 활동도 즐겁게 참여하지 않는 모양입니다. 최근에는 아침부터 등원을 거부하기도 합니다. 계속 이렇게 대응하는 것이 맞는 건지 모르겠습니다.
"

엄마와 떨어지려 할 때 아이가 운다면   잠시 유치원에서 아이와 시간 보내기

당분간은 유치원에 간헐적으로 보내거나 부모와 함께 유치원에서
시간을 보내는 등 아이가 심리적으로 안심할 수 있는 상황을 만든다

안심할 수 있도록 스몰 스텝으로 진행한다

처음으로 엄마와 떨어져 집단생활을 시작할 경우 엄마와 떨어지지 않으려는 아이의 저항은 흔한 일이다. 엄마와 떨어질 때 울더라도, 교사가 안아도 저항하지 않고 즐거운 활동을 하는 동안 기분 전환이 되어 웃는 얼굴을 보이면 크게 걱정하지 않아도 된다.

하지만 이 사례처럼 장기간 동안 이와 같은 행동을 보이는 아이 중에는 감수성이나 자극에 대한 과민성, 집착이 강한 아이가 많다. 긴장하고 불안한 상황에서는 즐거운 활동을 할 수 없으므로, 먼저 아이가 유치원에서 안심하고 즐길 수 있는 상황을 찾아본다. 당분간은 유치원에 간헐적으로 보내거나, 아니면 종일이 아니라 짧은 시간만 있게 하여 점차 익숙해지게 하는 것도 한 방법이다.

좀 더 구체적인 방법으로는 부모와 함께 유치원에서 시간을 보내는 등 아이가 심리적으로 안심할 수 있는 상황을 설정한다. 그 상태에서 즐길 수 있는 활동 목록을 만들고, 아이가 즐겁다고 느낄 수 있는 활동을 늘려간다. 그런 다음에 점차적으로 아이와 엄마에서 아이와 엄마, 선생이 함께 놀고, 익숙해지면 서서히 부모와 떨어져 놀 수 있게 한다.

자극에 대한 과민성에도 배려할 필요가 있다. 부모가 아이와 유치원에 함께 있으면서 아이가 싫어하는 자극이 무엇인지 찾아보고, 자극을 소거하거나 환경을 바꾸며 일정을 예측할 수 있도록 하는 등 유치원과 상의하며 적절한 환경으로 바꿔본다.

집단 참가에 대해서는 '모두가 활동하는 것을 멀리서 지켜보며 논다', '아이가 좋아하는 활동만 참가한다'처럼 스몰 스텝으로 진행한다.

단체활동

물건을 잘 잃어버리고, 그걸 알면 소란을 피워요

> 초등학교 4학년의 일반 남자아이입니다. 학교 준비물을 잊거나 물건을 잃어버리는 경우가 많습니다. 학교에 도착해서 준비물이 없는 사실을 알았을 때 큰 소란을 피웁니다. 집에서 주의를 주어도 좀처럼 나아지질 않아요.

이미 잃어버린 경우에는 학교에서 적절히 대응할 수 있는
방법이 적힌 약속 카드를 아이 눈에 잘 띄는 곳에 붙여둔다

준비물 챙길 때 순서표를 작성한다

부주의는 야단치거나 꾸짖는 것만으로는 나아지지 않는다. 이 사례는 물건을 잃어버렸을 때의 지도 방법으로 2가지가 필요하다. 먼저 '필요한 물건을 가방에 넣는다', 두 번째는 물건을 잃어버렸을 때의 대처 행동으로 '가져오는 것을 잊었다고 선생님께 말하고 대신할 물건을 빌리는 행동'이다.

필요한 준비물을 가방에 넣기 위해서는 가장 먼저 생활 일과표 안에 준비물을 챙기는 시간을 정한다. 그리고 시각적으로 이해하기 쉽도록 학교 가기 전 준비물 챙기기에 관한 순서표를 작성한다. 예를 들어 '① 연락장을 본다, ② 적혀 있는 준비물을 읽는다, ③ 읽은 준비물을 가방에 넣는다, ④ 연락장에 적힌 준비물 칸에 체크한다'처럼 순서를 정해볼 수 있다. 처음에는 어른이 옆에서 지시하면서 가르치고, 서서히 순서도를 보면서 스스로 할 수 있도록 한다.

또 이미 잃어버린 경우에는 학교에서 적절히 대응할 수 있도록 '잃어버리고 챙기지 못했다고 담임 선생님께 얘기하고 대신 쓸 수 있는 물건을 빌린다'라고 적힌 약속 카드를 책가방이나 필통, 연락장 표지처럼 아이 눈에 잘 띄는 곳에 붙여둔다. 어디에 붙여둘지는 아이와 이야기해서 결정한다.

미리 담임 교사와 상담해서, 아이가 준비물을 잊고 안 가져왔을 때는 야단치지 않도록 정해두는 것도 필요하다.

Q29 몇 번이고 같은 질문을 해요

> 초등학교 4학년의 일반 남자아이입니다. '내일 수학 문제가 어려우면 어떡하지?'처럼 앞으로 일어날 일들 중 아주 사소한 것을 걱정하면서 몇 번이고 같은 질문을 합니다. "괜찮아"라고 아무리 안심시켜도 시간이 지나면 또 같은 질문을 합니다. 대꾸하지 않으면 더 집요하게 물어봅니다. 어떻게 대응해야 할지 모르겠어요.

"괜찮아"와 같은 말은 일시적으로 불안을 줄일 수 있는 강화제가
되지만, 다시 생각하면 답답해지는 마음에 다시 물어보게 된다

시각적인 자료들을 보여주면서 대응한다

곤란한 상황에서 질문하는 것은 매우 중요한 행동이다. 하지만 답을 알고 있으면서 강박적으로 몇 번이고 반복해서 질문한다면 대답해주는 쪽도 큰 스트레스가 된다. 반복적인 질문에는 '요구', '관심받기', '회피' 등 다양한 기능이 있고, 그 기능에 따라 대응은 다르지만 기본적으로는 몇 번이고 답해주는 것이 아니라 '시각적인 자료'를 보여주면서 대응하는 것이 중요하다.

이 사례는 '실패할지도 몰라'라는 불안으로부터의 회피 기능이다. "괜찮아"와 같은 말은 일시적으로 불안을 줄일 수 있는 강화제가 되지만, 다시 생각하면 답답해지는 마음에 다시 물어보게 된다. 먼저 공감하는 말을 해준 다음, 곤란한 상황에서 어떻게 행동하면 좋을지 알려주는 시각적인 자료들을 보여주며 가르쳐준다. 구체적인 상황들을 가르치는 것과 더불어 불안한 상황에서의 대응을 역할놀이(role play)로 연습하면서 불안한 마음을 줄일 수 있다. 아이가 곤란한 상황을 해결하는 방법을 익히게 되면, 몇 번이고 질문하는 것이 아니라 해결 방법을 스스로 확인하고, 불안해졌을 때 어떻게 진정할 수 있는지 같이 이야기를 나누고 가르쳐주는 것도 좋다.

Step 1 ABC 분석으로 문제행동 객관화하기

이 사례는 '내일 수업 준비를 할 때' 문제행동이 자주 일어나는 듯하다. 준비할 때 내일의 수업을 떠올리면서 불안을 느끼는 것으로 생각된다. 불안에 대처하는 방법을 알려주고, 질문을 반복해서 하는 행동의 대체 행동을 알려준 후 스스로 할 수 있게 도와준다. 이때 칭찬하는 것은 중재의 기본 중 기본이다.

| 회피 기능 |

A 선행사건
(행동 전에 일어난 일)

밤에, 다음 날 수업을 준비할 때

→

B 행동

걱정하는 질문을 반복한다

→

C 결과
(행동의 결과)

불안이 일시적으로 줄어든다

Step 2 바람직한 행동 정하기

질문하는 것 자체는 매우 중요한 의사소통 기술이다. 때문에 '질문하지 않는 것'을 목표로 하는 것이 아니라, '답을 알고 있는 질문을 몇 번이고 반복하는 것을 그만한다'가 목표가 되어야 한다. 아이가 오해하지 않도록 이것을 충분하게 설명한다. 유독 질문을 많이 하는 상황이 정해져 있고, 이때 질문하고 싶다면 대체 행동으로 미리 준비한 '해답 카드'를 읽게 하는 것을 목표로 한다. 그래도 아이가 불안해하면 침착해지는 활동이나 방법을 가르쳐준다.

자꾸 질문하고 싶어지면 어떡하지?

카드에 적힌 것을 읽어봐

| 몇 번이고 같은 질문을 할 때 대응하는 6단계 |

1단계 불안해지는 일이 생기면 먼저 '어른에게 묻는다'를 가르친다.

2단계 질문을 받으면 공감해주면서 정중하게 들어주고, 대처할 수 있는 행동에 대해 같이 생각해본다.

3단계 그런 다음에 보드, 카드, 노트 같은 곳에 아이와 같이 이야기하고 사전에 생각한 대처 행동을 적어본다. 물론 대처 행동은 아이가 납득할 수 있어야 하고 실행 가능한 것이어야 한다.

4단계 아이에게는 '여러 번 같은 질문이 하고 싶어질 때 이걸 읽어보자'라고 지시해둔다.

5단계 불안해하지 않아도 되는 상황에서도 불안을 느낀다면 '내일 필요한 준비물 챙기기' 행동에 일정한 제한 시간을 설정하고, 빠르게 정리할 수 있도록 유도하여 불안을 느끼지 않게 하는 것도 한 방법이다.

단체활동

| 몇 번이고 같은 질문을 할 때 대응하는 6단계 |

6단계 몇 번이고 질문을 반복하던 상황에서 아이가 질문하지 않고 마지막까지 열심히 하면 적극 칭찬해 준다.

Step 4 **문제행동에 대응하기**

대처 방법을 보드나 카드에 써서 잘 보이게 했는데도 계속 질문한다면 응답하지 말고 대처 행동이 적힌 보드(카드)를 보여주고 아이가 읽게 한다. 아이가 질문을 다시 안 하면 적극 칭찬해준다. 그리고 아이가 침착해질 수 있는 활동으로 유도한다.

잠깐! TIP

 역할놀이

역할놀이(role playing)는 가상적인 역할을 수행함으로써 태도나 행동을 변화시키려는 놀이 활동이다. 평소에 접하기 어려운 상황을 경험해보도록 하거나 다른 사람의 역할을 실행해봄으로써 자신이나 타인의 행동에 대한 새로운 통찰력을 얻게 하는 데 목적이 있다. 타인의 입장을 이해하는 감정 이입 등의 공감 능력을 함양하는 데도 도움이 된다.

전략 시트 : 몇 번이고 같은 질문을 해요

A : 선행사건
(행동 전에 일어난 일)

언제, 어디서, 누구와,
무엇을 할 때?
(행동이 나타나지 않을 때는 빨
간색으로 기입)

밤에, 다음 날 수업을 준비
할 때

B : 행동

구체적으로 기입하기

"못 하면 어떡하지?" 하고
걱정하는 질문을 반복한다.

C : 결과
(행동의 결과)

• 요구   • 관심받기
• 회피 ✔
• 자동강화 • 기타

불안이 일시적으로 줄어든다.

요구나 관심받기 기능으로도 사
용될 수 있으니 주의함

사전 대응책 연구

• 문제행동 일어나지
  않게 하기 ✔
• 바람직한 행동 하기 ✔

* 처음 질문했을 때 충분히
  공감하며 들어준다.
* 대처 행동을 아이와 같이
  생각해보고 보드나 카드,
  노트에 적는다.
* 경우에 따라 담임 교사나
  반 친구에게 협력을 부탁
  한다.
* 몇 번이고 같은 질문을 하
  고 싶어 하면 "이것 봐" 하
  고 지시한다.
* '내일 준비물 챙기기' 행동
  할 때 제한 시간을 설정
  해서 빨리 정리하도록 촉
  진시켜 불안을 느끼지 못
  하게 한다.

바람직한 행동

• 지시 따르기 기술
• 의사소통 기술 ✔
• 여가 활동 기술 • 기타 ✔

* 불안한 느낌이 들려고 하
  면 어른에게 묻는다.
* 질문하고 싶어지면 대처법
  카드를 읽는다.
* 정답을 아는 질문을 여러
  번 반복하는 것을 그만두게
  하고, 일과 준비를 끝낸다.
* 불안을 해소할 수 있는 활
  동을 한다.

강화 방법

• 칭찬 ✔   • 보상
• 좋아하는 활동 ✔
• 토큰경제 ✔ • 기타

* "잘 했구나" 하고 칭찬한
  다.
* 일과 준비를 순조롭게 끝내
  면 토큰 스티커를 주고 원
  하는 활동과 교환하게 해
  준다.

문제행동 대응법

• 과제 성공하도록 도움 ✔
• 침착해지도록 도움

그래도
문제행동을 하면

* 정답을 보고도 질문을 반복
  할 때는 대답하지 말고 조
  용히 정답을 보여준 후 아
  이에게 소리 내어 읽어보게
  하고 칭찬해준다.
* 침착해질 수 있는 활동으로
  전환하도록 유도한다.

차분해지는 방법 찾기

차분해질 수 있는 장소를 정한다

아무리 환경을 바꾸려고 해도 우발적인 상황은 생기기 마련이고, 그에 대한 문제나 자극으로 고민되는 일이 많다. 노력하면 문제가 해결되고 스트레스가 해소되어 활력이 생길 수 있다. 하지만 과도한 스트레스를 받았을 때는 여가 활동을 함으로써 심신을 편안하게 하여 정신 건강을 지켜야 한다.

그러기 위해서는 먼저, 아이가 답답함을 느낄 때 차분해질 수 있는 장소나 기분 전환이 가능한 활동의 목록을 미리 작성한다.

일반적으로 아이의 방이나 차 안, 침대나 소파, 방구석의 책장에 놓인 쿠션이나 인형이 놓인 장소 등을 생각해볼 수 있다. 이때 아이의 성향에 맞춘다. 장소가 여러 군데여도 괜찮다. 차분해질 수 있는 장소로 이동하기 힘들 때는 이 책에서 소개하는 칼럼 '감각 과민에 대응하기'(160쪽 참고)를 따라 외부 자극을 차단하는 조치를 취한다.

1 단계
스트레칭하기

4 단계
노래 부르기

차분해지기 위한 활동

흥분하면 가족을 향해 폭언이나 폭력을 가하고, 주변 사람들이 개입하지 않으면 진정시킬 수 없는 상황이 오기도 한다. 가장 좋은 방법은 통제할 수 없게 되기 전에 차분해지는 활동을 하게 돕는 것이다.

그러기 위해서는 최종적으로 다른 사람의 도움으로 침착해지는 것이 아니라 스스로 차분해질 수 있도록 연습해야 한다. 기분이 나아질 때까지 혼자 있게 하거나, 침착해지면, 침착해진 그 행동 자체를 적극 칭찬한다.

차분해지기 위한 활동에는 정적인 활동과 동적인 활동이 있다. 심호흡이나 스트레칭, 요가하기, 샤워하기, 차 마시기, 좋아하는 음악 듣기나 영상 보기 등이 정적인 활동이다. 산책하기, 자전거 타고 달리기, 이불이나 펀치 기계를 치거나 발로 차기 등은 동적인 활동이다.

짜증을 부릴 때는 이 단계를 숫자로 표시하고, 그림이나 표로 시각화해서 보여준다. 또 차분해지는 방법은 여러 개의 활동 단계로 나눠서 해보는 것도 좋다. 예를 들어 머리가 살짝 아플 정도의 1단계면 스트레칭하기, 소리 지르고 싶어질 정도의 4단계라면 노래 부르기와 같은 것이다.

누군가가 개입되는 상황까지 가는 것은 바람직하지 않지만, '가족 중 누군가와 이야기 나누면 차분해진다거나, 친한 사람과 전화하면서 말하다 보면 차분해진다'처럼 타인과의 적절한 관계 속에서 차분해지는 방법을 활용하는 것도 좋다. 하지만 아무도 없는 상황이나 대응해주지 못하는 상황도 있을 수 있으니, 아이 스스로 감정을 통제하는 기술을 가르치는 것이 가장 좋다. 연습할 때는 흥분하지 않은 상태에서 연습 활동을 한 후, 그 앞뒤로 짜증 내는 상황을 추가해보는 것도 한 방법이다. 무엇보다 그런 활동들로 차분해지는 것을 직접 체험하는 것이 효과적이다.

Q30 목소리 크기 조절이 안 돼요

경도의 지적장애가 있는 만 5세 남자아이입니다. 대화할 때는 물론 혼잣말하거나 기성을 지를 때도 목소리가 커서 곤란합니다. "조용해 해"라고 말해도 듣질 않습니다. 목소리 자체를 작게 내지 못합니다.

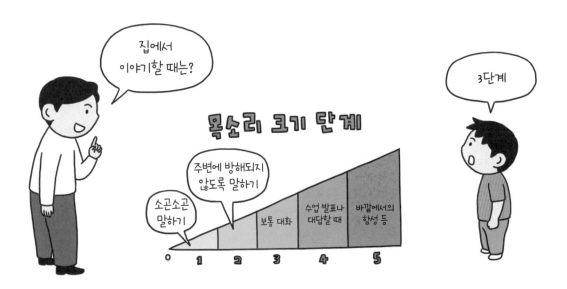

상황에 따라 목소리 크기에 관련된 규칙을 시각적으로 보여준다.

A30 목소리 크기의 단계를 시각화해서 알려준다

말을 한 뒤에 "지금 목소리는 크구나, 작게 해보자"라고 말해도 '소리'는 볼 수 있는 것이 아니다. "조용하게 말해"라고 지시하면 구체적으로 어떤 소리가 '작은 소리'이고 합격선일지 아이는 이해하기 어렵다.

따라서 먼저 상황에 따라 목소리 크기에 관련된 규칙을 시각적으로 보여준다. 예를 들어 왼쪽 그림처럼 목소리의 크기를 5단계로 나눠 '○○일 때는 1단계 소리로 말한다'처럼 숫자로 표현한다. 특정 장소 안에서의 목소리 크기는 '마트에서는', '학교에서 손을 들 때는', '집에서는'처럼 구체적인 상황을 제시한다.

'1단계 소리는 이 정도야'라고 실제로 목소리의 크기를 시범으로 보여주는 것도 필요하다. 이때, '0단계 소리'도 표시해서 '아무 말도 하지 않는다', '조용히 한다'라는 상태를 동시에 가르쳐줄 수 있다.

목소리 크기의 단계가 반드시 5단계일 필요는 없다. 아이의 수준에 맞춰서 2~3단계로 단순화할 수도 있고 더 많이 나눌 수도 있다.

규칙을 가르치는 데 그치지 않고, 아이가 차분하게 말할 수 있도록 실제 연습도 해야 한다. 아이가 잘 조절할 때는 적극 칭찬하고 아이가 스스로 목소리 단계를 의식할 수 있도록 피드백을 해준다.

Q 31 욕조에 들어가기 싫어하고 씻는 것도 싫어해요

> 초등학교 5학년의 일반 남자아이입니다. "목욕하자~"라고 아무리 말해도 TV도 끄지 않고 하던 놀이도 계속하면서 좀처럼 욕조에 들어가려고 하지 않아요. 욕조에 들어가도 "뜨거워!", "머리에 묻었어!"라며 소란을 피웁니다. 얼굴을 씻거나 머리에 샴푸를 묻히는 것도 너무 싫어해서 걱정입니다.

환경 바꾸기 시행 방법으로 '샤워만 해도 좋다', '얼굴은 수건에 적셔서
가볍게 문지른다', '머리나 몸 씻는 날을 정해둔다' 등 다양하게 시도한다

A 31 감각 과민을 배려해 환경 바꾸기부터 시행한다

이 사례는 놀다가 다음 활동으로 전환하는 것에 어려움이 있어 보인다. 더구나 욕조의 물 온도에 민감하게 반응하고, 물이 얼굴에 닿는 것을 극도로 싫어하는 감각적인 문제도 생각해볼 수 있다.

이런 경우 감각 과민을 배려해 환경 바꾸기부터 시행하는 것이 좋다. '물의 온도를 낮춘다', '샤워만 해도 좋다', '욕조에 있는 시간을 줄인다', '얼굴은 물을 적신 수건으로 가볍게 문지른다', '머리나 몸 씻는 날을 정해둔다'처럼 다양한 연구를 해볼 수 있다.

놀이를 전환할 때는 "목욕하자~"라고 말하는 타이밍이나 방법을 연구해본다. '사전에 목욕할 시간을 정해서 일과표에 적어둔다', '놀이를 끝내기 좋은 타이밍에 목욕하자고 말한다', '9시에 목욕할래? 아니면 9시 반에 목욕할래?'처럼 아이가 선택할 수 있는 질문을 하거나, '문자로 물어본다'처럼 다양한 방법을 생각할 수 있다.

이렇게 사전에 방법을 찾은 뒤 구체적인 목표를 세워서 달성하면 '좋아하는 음료나 디저트를 고르게 한다' 등의 방법으로 강화해준다. 목욕에 대한 저항이 줄어들면 자연스럽게 목욕할 수 있도록 보상하는 횟수를 점차 줄여준다.

가정생활

Q32 좀처럼 놀이를 그만두고 자려 하질 않아요

> 초등학교 4학년의 일반 남자아이입니다. "이제 자자"라고 말해도 놀이를 그만두지 않고, 침대에도 들어가려 하질 않아요. 이를 때는 9시경에 자지만, 늦으면 새벽 1시 넘어서 간신히 잠들 때도 있어요. 잠들었다고 생각하면 방에서 나와서 다시 놀기까지 합니다.

자연스럽게 이불 속에 들어가도록 잠자리 들 시간을 시계에 표시하고
저녁 식사 후부터 이불 속에 들어갈 때까지의 일과표를 보여준다

A 32 잠자리에 들어가기 쉬운 환경을 만든다

수면 리듬이 일정하지 않거나 잠드는 것이 어려운 아이들이 있다. 환경에 변화가 있으면 생활 리듬이 무너지기 쉬운데, 그것이 계기가 될 때도 있다.

아침에 정해진 시간에 일어나고 가능한 한 낮잠을 피한다. 하루 동안 적당히 몸을 움직이고, 저녁부터는 각성이 올라가는 자극을 피하고 조용한 활동을 하는 것이 기본적인 대응이다.

환경 바꾸기로는 자연스럽게 이불 속에 들어갈 수 있도록 조명을 어둡게 하고, 좋아하는 장난감은 정리한다. 시계에 잠자리에 들 시간을 알아보기 쉽게 표시하고, 저녁 식사 후부터 이불 속에 들어갈 때까지의 일과표를 보여준다.

자기 전에 따뜻한 음료를 마시거나 동화책 읽기 등 수면 의식으로 일정한 행동을 설정하는 것도 좋다. 놀이를 그만하고 침실로 가거나 침대에 들어가는 행동을 강화하기 위해서 스티커 보상을 설정하는 것도 좋다.

어떤 방법을 써도 잠들지 않을 때는 방에서 조용히 보낼 수 있는 행동을 정해서 그 행동까지만 허용하고, 각성이 올라갈 만한 활동은 피하도록 한다. 타이밍을 보면서 다시 자기 전에 하는 행동을 하고 잠자리에 들도록 유도한다.

이처럼 다양한 연구를 해도 잠자리에 드는 것이 어렵다면 소아과나 아동정신과 의사에게 상담한다. 환경을 바꾸고 약을 병행해서 수면 리듬을 맞추는 방법도 있다.

가정생활

Q33 손가락 빠는 것이 습관이 돼서 그만둘 수가 없어요

> 지적장애가 있는 초등학교 1학년 여자아이입니다. 손가락 빠는 습관을 그만두게 하고 싶은데 그만두질 않아요. 주의를 주면 더욱 손가락을 입에서 떼려고 하질 않습니다. 이제 주변 친구들의 시선도 신경 쓰이고, 치열도 나빠질까 봐 걱정입니다.

손가락 빠는 것 자체가 강화제가 되는 경우라면 손가락에 의료용 테이프나
반창고를 붙여서 아이가 좋아하는 감각을 얻지 못하도록 한다

A33 어떤 상황에서 빨지 않는지부터 관찰한다

먼저 어떤 상황에서 손가락을 빠는지, 또 빨고 있지 않을 때는 어떤 상황인지를 관찰한다. 예를 들어 아이가 뭘 해야 할지를 모를 때, 하고 싶지 않은 활동이나 어려운 활동을 해야 할 때, 심심하고 딱히 할 일이 없을 때, 불안한 기분일 때, 관심받고 싶을 때 등 상황마다 다른 기능일 수 있다.

뭘 해야 할지 모르는 상황일 때는, 활동 일과표를 시각적으로 제시하고 그 활동에서 무엇을 해야 하는지 미리 알려준다. 하고 싶지 않은 활동이나 어려운 활동이라면 활동의 레벨을 낮추거나 활동량을 줄인다. 이때 활동 중에 시각적인 도움을 같이 제공하면 좋다. 그런 후 좋아하는 활동을 하게 한다.

심심하고 할 일이 없을 때라면, 여러 가지 여가 활동을 제시해서 선택할 수 있도록 한다. 불안이나 관심받기의 경우는 "도와주세요", "이리 와주세요"처럼 어른을 부르는 의사소통 기술을 가르친다. 이렇게 기능에 맞게 다양한 접근을 생각해볼 수 있다.

손가락 빠는 것 자체가 강화제가 되는 경우는 감각의 문제와 관련되므로, 손가락에 의료용 테이프나 반창고를 붙여서 아이가 좋아하는 감각을 얻지 못하도록 한다. 어떻게 해도 그만두지 않는다면, 최후의 수단으로 손가락 빨기를 하지 못하도록 출시된 제품을 이용하는 것도 한 방법이다. 예를 들어 쓴맛이 나는 성분이 포함되어 있어 손톱에 발라두면 빨 때마다 쓴맛을 느끼는 제품 같은 것이다.

하지만 손가락 빨기를 단순히 그만두게 하면 다른 행동, 즉 옷소매를 물거나 연필을 갉아먹는 행동 등으로 이행될 가능성이 크다. 따라서 사전 연구를 통해 손가락 빨기를 대신할 수 있는 바람직한 행동을 가르쳐주고, 손가락을 빨지 않을 때 적극 칭찬하고 관심을 가져주는 것이 중요하다.

가정생활

Q34 인터넷 게임을 너무 많이 해요

> 등교 거부 경향이 있는 만 13세의 일반 남자아이입니다. 집에 있을 때는 대부분의 시간을 인터넷 게임을 하거나 영상을 보면서 보냅니다. 게임이나 컴퓨터를 무리하게 뺏지 않으면 난폭해지거나 화내지는 않지만, 가끔 새로운 게임팩이나 아이템을 사달라고 조릅니다. 최근에는 밤에 잠드는 시간이 늦어지면서 아침에 일어나기 힘들어서 그런지 학교에 가기 싫어하는 행동도 보입니다.

새로운 게임팩은 구입해서 바로 주면 게임 시간만 늘어나므로,
심부름이나 공부 등 바람직한 행동의 결과에 따른 보상물로 제공한다

A 34 게임 시간을 대신할 여가 활동을 추가한다

인터넷 게임은 누구나 빠지기 쉽다. 게임을 하도록 허용할 때는 규칙을 엄수해야 한다는 사실을 먼저 이야기한다. 그러지 않으면 슬금슬금 습관화되어버리고, 학교나 공부처럼 하기 싫은 것으로부터의 회피 기능도 추가되어 게임을 그만두게 하기 힘들어진다.

개개의 상황에 따라 접근 방법이 다르므로 여기서는 가정에서의 대응법을 설명하였다. 먼저 폭력이 격해지면 무리하게 가정에서 해결하려 하지 말고, 학교나 전문 기관과 상담해서 대응한다. 사춘기 아이라면 게임이 습관화되었을 때 무리하게 뺏으면 폭력으로 발전하는 경우가 있다. 평소 아이와의 대화가 혼내기만 하는 의사소통이었다면 그 부분부터 개선하도록 한다. 아이가 흥미 느끼는 것을 주제로 함께 대화하는 것을 목표로 한다.

칭찬할 기회를 늘리기 위해 간단한 심부름을 부탁한다. 이것은 지시 따르기 행동의 첫 스텝이다. 새로운 게임팩이나 아이템을 구입해서 그대로 주는 것은 게임 시간을 늘리는 악순환을 부른다. 심부름이나 공부 등 바람직한 행동의 결과로, 규칙(시간 제한 등)을 지켰기 때문에 얻는 보상물로 새로운 게임을 제공하는 것이 좋다. 이를 위해 토큰경제와 행동계약을 사용하면 더욱 좋다.

게임 시간을 제한할 때는 대신할 여가 활동을 추가한다. '만화책 읽기', '산책하기', '수영장 가기', '프라모델 만들기' 등이다. 여가 활동의 범위를 늘리면 하나에 집중된 활동의 의존도를 줄일 수 있다. 처음부터 학습으로 전환하기가 어려우므로 먼저 여가 활동부터 시작한다. 이때 아이와 얘기해서 무리하지 않는 선에서 목표를 잡고 규칙을 정하는 것이 중요하다.

여전히 집착을 보일 때는 '아이가 협상하는 법을 배울 좋은 기회'라고 생각하며 여유를 갖는다. 감정에 치우치지 말고 아이를 차분하게 대해야 한다. 무엇보다 아이가 성공 체험을 쌓을 수 있도록 스몰 스텝으로 하는 것이 중요하다.

가정생활

Q35 여러 가지 일에 집착이 강해서 힘들어요

> 경도의 지적장애와 자폐 성향이 있는 만 3세 남자아이입니다. 물건의 위치가 바뀌면 바로 제자리에 돌려놓고, 문이나 서랍이 바르게 닫혀 있는지를 몇 번이고 확인하곤 합니다. 자폐 특성이라고 머리로는 이해해도 그만했으면 하는 생각이 자꾸 듭니다. 집착 행동을 보고 있으면 저 자신이 너무 짜증이 나고 신경질이 날 때가 많습니다.

집착 행동을 완전히 없애는 것을 목표로 하지 말고 일상생활 규칙을
잘 지키는 상황에서 아이가 적절한 행동을 하는 요인을 찾는다

A 35 일상생활 규칙 지키기에 중점을 둔다

모든 집착이 문제가 되는 것은 아니다. 중요한 것은 집착 행동이 일상생활의 규칙을 무너뜨리지 않게 하는 것이다. 생활하다 보면 아이의 행동에 짜증이 날 수 있다. 그럴 때는 '집착 행동을 완전히 없애는 것'에 집착하지 말고 일상생활 규칙을 충실히 하는 것에 관심을 가져보자. '할 일이 없는 상황', '불안이 높아지는 상황'은 집착 행동의 간접적인 요인이 되기 쉽다. 일상생활 중에서 집착 행동이 보이지 않는 상황도 분명 있을 것이다. 그 상황을 발견해서 아이가 적절한 행동을 하는 요인을 찾아보자.

'원래 자리에 돌려놓는다' 행동은 '물건의 위치가 바뀌었다'는 의미다. 이 경우 물건을 원래 위치로 돌려놓아서 '이전과 같은 상태가 된 것'이 아이에게 강화제가 되었다고 볼 수 있다. 또한 집착 행동에 몰두함으로써 혐오적인 상황으로부터 도피하고 있을 가능성도 높다. 이에 목표는 일상생활의 규칙이나 타인과의 상호작용을 충실히 하고, '집착 행동을 하는 기회를 줄이고, 결과적으로 그 행동을 적게 하는 것'이다.

먼저 각각의 시간대에 아이가 무엇을 하는지 규칙을 명확하게 한다. 그리고 그것이 자발적으로 이루어질 수 있도록 환경 설정과 지도 방법을 검토하고, 성공하면 적극 칭찬한다. (칼럼 '아이에게 행동 교정 알려주기' 200쪽 참고) '○○을 하면 △△를 해도 좋아'라는 규칙을 설정해서 '집착하는 것'을 강화제로 사용하는 것도 좋다. 일상생활에 충실하도록 하려면 과제나 여가 활동의 선택지를 풍부하게 해서 아이가 '따분해하는 시간'을 줄여준다.

만약 감각 과민이 높아서 작은 변화에도 신경 쓰는 아이라면, 아이의 집착을 존중해주고 가능한 한 환경 변화를 적게 하는 것이 효과적이다. 변화에 익숙해지게 하려면 아이가 변화를 예측할 수 있도록 미리 알려주면서 스몰 스텝으로 진행한다.

가정생활

과도한 수집벽이 있어서 방에 물건이 넘쳐나요

> 중도의 지적장애가 있는 초등학교 고학년 남자아이입니다. 팸플릿이나 광고 전단지에 관심이 많고, 새로운 물건을 볼 때마다 수집하고 있습니다. 정리하거나 버리지는 못해서 지금 아이 방은 팸플릿과 광고 전단지가 넘쳐납니다.

먼저 수집해도 되는 양을 정하고, 수집하는 데
돈이 많이 드는 물건이라면 사용할 금액을 정한다

A36 수집량을 정하고 취사선택하도록 연습한다

물건을 모으는 것은 '취미 컬렉션'이라 할 수 있으므로 그 자체가 문제 되는 행동은 아니다. 가족에게는 '수집하는 물건'이 의미가 없다고 해도 아이에게는 필요한 물건일 수 있다. 그러므로 아이의 집착을 존중해주자.

하지만 '아이가 물건 두는 장소가 생활에 방해된다', '이동시키려면 난폭해진다', '수집 공간이 부족하다', '보관 상태가 나빠서 냄새 등 악영향을 미친다', '마음대로 다른 사람의 물건을 가져가는 등 입수 방법에 문제가 있다', '비용이 너무 많이 든다'와 같은 경우에는 어떤 식으로든 규칙 만들기가 필요하다.

자폐 아동의 경우, 수집하기 시작하면 중단시키기 어렵고, 정리 정돈이나 취사선택 기술이 쉽게 습득되지 않는다. 이럴 때 기본 목표는 주변에 영향을 미치지 않게 수집하는 것으로 정한다. 구체적으로는 '규칙 지키기', '수집 공간과 예산에 맞도록 양을 제한하기', '적절한 보관 상태를 유지하며 필요에 따라 버릴 것을 선택하기'를 한다. 그러기 위해 먼저 수집해도 되는 양을 정한다. 수집하는 데 돈이 많이 드는 물건이라면 사용해도 좋은 금액을 정해두는 것이 필요하다. 아이가 규칙을 이해하고 납득하면 규칙을 기반으로 수집한 물건 중에서 취사선택하는 연습도 해보자. 또 수집한 물건에 따라 적절히 수집하는 방법과 컬렉션을 즐기는 방법에 관한 규칙을 정해서 가르치는 것도 좋다.

규칙이 잘 지켜지지 않을 때는 다시 아이와 함께 규칙을 읽으면서 확인시켜준다. 아이가 규칙(수집하는 양 등)을 납득하지 못할 때는 타협안을 제시해서 접점을 찾는다. 예를 들어 '옥외용의 수집 상자에 넣어 밖으로 내보낸다, 그리고 일정 기간 꺼내 보지 않으면 단계적으로 처분한다', '수집하는 물건을 디지털카메라로 찍어서 데이터로 보관한다', 또 광고 전단지 등은 '스캔해서 컴퓨터나 태블릿 단말기에 보관한다'같이 공간을 절약하는 방법을 연구한다.

Q 37 정리 정돈이 안 돼요

" 초등학교 저학년의 일반 여자아이입니다. 사용한 물건을 전혀 정리하려고 하지 않습니다. 몇 번이고 주의를 주고 손을 삽아가면서 정리도 시켜보았는데, 너무 엉성합니다. 오히려 적당히 하려고 합니다. "

정리 정돈의 문제가 기술의 문제라면 '상자마다 넣을 물건의 이름
붙이기' 등 정리하는 환경을 구조화해서 이해하기 쉽게 만들어준다

무엇이 문제인지부터 확인한다

정리 정돈의 문제는 '정리하는 법을 몰라서 잘 못한다'라는 '기술 부족의 문제'인지, 정리하려고 해도 다른 것에 주의를 뺏겨서 중단해버리는 '주의 뺏김의 문제'인지, 아니면 '귀찮아서 하기 싫어'라는 '동기 부여의 문제'인지, 또는 이런 문제들이 중복되어 있는지를 확인해서 지도하는 것이 중요하다.

기술의 문제라면 '상자마다 넣을 물건의 이름을 붙이고, 무엇을 어디에 정리하면 좋을지 확실히 한다'처럼 정리를 하는 환경을 구조화해서 이해하기 쉽도록 하는 것이 효과적이다. 이러한 환경을 만들어서 정리하는 연습을 해본다.

주의를 뺏기기 쉬운 경우는 타이머를 사용해서 짧은 시간 집중해서 정리할 수 있도록 한다. 짧은 시간으로 끊어서 하루 일과표 중에 여러 번으로 나눠서 정리해도 좋다.

반면에 동기 부여의 문제라면 정리한 뒤에 얻을 수 있는 강화제를 설정하고, 정리하는 행동이 자발적으로 나올 수 있도록 도와주는 것이 효과적인 방법이다.

 ABC 분석으로 문제행동 객관화하기

'정리하지 않는다'는 부정형이다. 정리하지 않으면서 무얼 하고 있는지를 구체적인 행동으로 적는다. 전략 시트의 사례를 보면 '만화책을 본다', '말로만 대답한다'처럼 행동하는 경우, '기술'과 '동기 부여' 양쪽에 문제가 있고, 회피 기능도 있다.

| 회피 기능 |

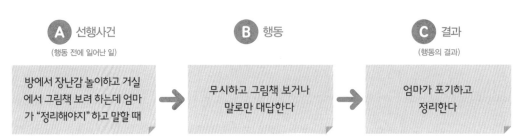

A 선행사건
(행동 전에 일어난 일)

방에서 장난감 놀이하고 거실에서 그림책 보려 하는데 엄마가 "정리해야지" 하고 말할 때

B 행동

무시하고 그림책 보거나 말로만 대답한다

C 결과
(행동의 결과)

엄마가 포기하고 정리한다

Step 2 바람직한 행동 정하기

물건을 정리할 장소를 설정하고, 사용 후에는 그 자리에 돌려놓는 것을 목표로 한다. 최종적인 목표는 '정리가 필요한 상황을 스스로 판단해서 정리하는 것'이 된다. 하지만 이것은 레벨이 높기 때문에 처음에는 '정리한 다음 저녁 식사'처럼 하루 일과표에 '정리'를 넣어서 규칙을 만들어둔다.

정리한 다음에 밥 먹자

Step 3 사전 대응책 연구하기

| 정리 정돈하도록 유도하는 방법 4가지 |

① 가장 먼저 정리할 장소를 만든다.

② 그 장소에 정리해야 할 물건의 사진을 붙이는 등 무엇을 어디에 정리하면 좋을지 명확하게 하는 것이 중요하다.

③ 또 정리하는 행동이 자발적으로 나올 수 있도록 정리하는 일을 일과표에 추가한다. 이때 가능한 한 '정리하면 ○○이라는 즐거움이 있다'라고 느낄 수 있게 일과표의 흐름을 만들면 좋다.

④ '정리된 깨끗한 상태'라는 강화제만으로는 행동이 유지되기 어렵다면 정착될 때까지는 토큰경제를 사용할 수 있다. 정리할 때마다 스티커를 주고, 정해진 수를 모으면 좋아하는 물건이나 활동과 교환할 수 있도록 한다.

Step 4 문제행동에 대응하기

앞에 Step 3. 사전 대응책 연구하기를 통해도 정리가 잘되지 않는다면 '후진형 연쇄법(Backward Chaining)'을 시행해본다. 정리 도중까지는 어른이 대신 해주고 정리 마지막 부분만 아이가 하게끔 한다. 조금이라도 할 수 있으면 적극 칭찬해준다. 마지막 부분을 아이가 혼자 할 수 있게 되면 아이에게 맡긴 부분을 조금씩 늘린다. 이렇게 스몰 스텝을 반복하면서 최종적으로는 모든 정리를 아이 혼자서 할 수 있도록 노력한다.

가정생활

전략 시트 : 정리 정돈이 안 돼요

A : 선행사건 (행동 전에 일어난 일)	B : 행동	C : 결과 (행동의 결과)
언제, 어디서, 누구와, 무엇을 할 때? (행동이 나타나지 않을 때는 빨 간색으로 기입)	구체적으로 기입하기	• 요구 • 관심받기 • 회피 ✔ • 자동강화 • 기타
학교에서 돌아오면 자기 방에서 장난감 놀이하고, 거실에서 그림책 보려 하는데 엄마가 "정리해야지" 하고 말할 때	무시하고 그림책 보거나 말로만 대답한다.	엄마가 포기하고 정리한다.

사전 대응책 연구	바람직한 행동	강화 방법
• 문제행동 일어나지 않게 하기 ✔ • 바람직한 행동 하기 ✔	• 지시 따르기 기술 ✔ • 의사소통 기술 • 여가 활동 기술 • 기타 ✔	• 칭찬 ✔ • 보상 • 좋아하는 활동 ✔ • 토큰경제 ✔ • 기타
＊ 정리하는 장소나 정리하는 방법을 명확히 알려준다. ＊ 하루 일정표에 '정리'를 추가해 루틴을 만들어준다. ＊ 타이머 등을 사용해 짧은 시간을 설정한다. ＊ '정리를 다 하면 즐거움이 있다'를 느낄 수 있도록 일정표 흐름을 잡는다.	① 정리하는 방법의 규칙을 설정하고 그 규칙을 지킨다. ② 일과표를 참고하여 자발적으로 정리한다.	＊ "열심히 했구나" 하고 칭찬한다. ＊ 토큰 스티커를 주고 원하는 활동과 교환하게 해준다.

그래도 문제행동을 하면

문제행동 대응법

• 과제 성공하도록 도움 ✔
• 침착해지도록 도움

후진형 연쇄법을 사용해 스몰 스텝으로 스스로 정리하는 부분을 점차 넓혀간다.

학교에서 힘든 상황 파악하기

나는 학교에서 카운슬링을 하면서 자폐 아동에게 실시하는 '학교생활 랭킹'이라는 평가 도구를 개발하였다. 이것은 각 교과목이나 교내 활동을 카드로 만들어서 자석판 화이트보드에 붙이는 형식이다. 카드를 아이에게 건네고, 화이트보드 위에 '힘든 순서'나 '즐거운 순서'로 나열하게 하는 방법이다.

세로축은 0점부터 100점까지 점수를 기입해 수치화하는 것도 가능하다. 이것을 활용하면 선생이나 부모에게 직접 이야기하기 어려운 아이도 '힘들어하는 상황'과 '좋아하는 상황'을 표현하거나 또 평가할 수 있다. 그렇게 함으로써 문제행동을 하는 이유를 더욱 깊이 있게 파고들 수 있다.

Q38 사람들 앞에서 자신의 성기를 만져요

66 지적장애가 있는 초등학교 6학년 남자아이입니다. 사람들 앞에서도 성기를 만지고 장난을 칩니다. 그때마다 주의를 주면 그만두지만 그때뿐이고, 잠깐 눈을 떼면 어느새 또 만지고 있어요. 99

'하지 마'라고 주목받는 것이 행동을 유지하는 요인이
될 수 있으므로 주의한다

성기를 만지는 이유를 확인한다

성기 만지는 모든 행동이 자위라고 단정할 수는 없다. 먼저 왜 성기를 만지는지 검토한다. 검토 결과 그것이 자위 행동이라면 무조건 금지하기보다는 사적인 공간에서 하도록 가르쳐준다. '그렇게 허용하면 또 사람들 앞에서 하는 건…' 하고 걱정하는 분이 많은데, 금지한다고 성욕이 감퇴하는 것이 아니다. 적절한 장소에서 자위 행동을 할 수 있도록 가르치고, 아이가 무료한 시간에 적절한 여가 활동을 할 수 있도록 지도하여 성기 만지는 행동이 줄이도록 노력한다.

Step 1 ABC 분석으로 문제행동 객관화하기

먼저 검토할 것은 성기를 만지는 목적이 '가려움' 해소일 가능성이다. 성기가 불쾌한 상태이거나 피부병에 걸린 것은 아닌지 확인한다. 그 외에도 심심하거나 할 일이 없을 때 알게 모르게 손이 성기 쪽으로 갈 때도 있다. 또한 '하지 마'라고 주목을 받는 것이 행동을 유지하는 요인이 될 수도 있다. 일단 선입견을 없애고 행동의 원인을 하나씩 체크한다. 어떤 것에도 해당하지 않으면 자위 행동으로 성적 쾌감을 얻는 것이 목적이라고 판단된다.

| 자동강화 기능 |

성
문
제

| 회피 기능 |

A 선행사건
(행동 전에 일어난 일)

성기가 가려울 때 → 성기를 만진다 → 가려움이 사라진다

B 행동

C 결과
(행동의 결과)

| 관심받기 기능 |

A 선행사건
(행동 전에 일어난 일)

아무것도 할 게 없을 때 → 성기를 만진다 → 주목을 받는다

B 행동

C 결과
(행동의 결과)

Step 2 바람직한 행동 정하기

| 성기 만지기 예방법 3가지 |

① 가려움이나 불쾌감이 성기를 만지는 원인이 되는 경우, 목욕할 때 성기를 적절하게 씻는 것을 목표로 한다. 염증이나 발진, 그 원인이 되기 쉬운 포경 등이 있는 경우는 병원에서 치료받는 것도 검토한다.
'달리 할 일이 없을 때' 경우는 일과표를 사용해 여가 활동 시간에 즐길 수 있는 것을 가르쳐준다.

② 관심받기 기능의 의사소통일 때 상대방을 부르기 위한 적절한 의사소통 수단을 가르치고, 혼자서 즐길 수 있으면서 관심을 받지 않는 여가 활동 기술을 같이 습득시키는 것을 목표로 한다.

③ 성적인 충동이 성기를 만지는 원인이 되는 경우는 자신의 방과 같은 '개인 공간을 설정해서 자위할 수 있도록 지도한다.

Step 3 사전 대응책 연구하기

| 자위 행동 가르치는 올바른 방법 4가지 |

① 전략 시트의 사례는 할 일이 없을 때 자위 행동을 시작하고, 능숙하게 사정이 되지 않아서 계속 만지는 경우다. 이 경우는 먼저 '할 일이 없는 시간대'에 시각적으로 활동 일과표를 보여주고, 그 시간대에 할 수 있는 활동을 충실하게 함으로써 사람들 앞에서 성기를 만지는 것을 예방한다.

② 전략 시트 사례에서는 여가 활동 카드를 제시하고 선택할 수 있는 방법을 쓰고 있는데, 이 카드 중에 '자기 방으로 간다'를 추가하여 아이 스스로 자위 행동을 한다는 것을 이해할 수 있도록 한다.

성문제

| 자위 행동 가르치는 올바른 방법 4가지 |

③ 자위 행동 지도에서는 특정 장소를 '개인 공간'으로 설정해서 그곳에서만 성기를 만져도 좋다는 규칙을 정해서 가르친다.

④ 다음으로 자위 행동의 순서를 카드나 순서도로 보여주고 정액의 뒤처리까지 스스로 할 수 있도록 가르친다. 이불로 감싸 성기를 문지르는 등의 독자적인 방법이 있는 경우는 몸에 유해하지 않은 범위 내에서 그 방법을 존중해주고, 뒤처리를 하도록 지도한다.

Step 4 문제행동에 대응하기

사람들 앞에서 자신의 성기를 만지는 행위를 했을 때는 바로 제지하고, 규칙을 적은 카드를 제시한다. 그리고 일과표를 보여주고 그 시간에 해야 할 활동을 하도록 유도한다. 만약 성적인 충동이 억제되지 않는다면 정해진 '개인 공간'으로 이동하도록 지시한다.

전략 시트 : 사람들 앞에서 자신의 성기를 만져요

A : 선행사건 (행동 전에 일어난 일)	B : 행동	C : 결과 (행동의 결과)
언제, 어디서, 누구와, 무엇을 할 때? (행동이 나타나지 않을 때는 빨간색으로 기입)	구체적으로 기입하기	• 요구 • 관심받기 • 회피 • 자동강화 ✔ • 기타
저녁 식사 후 혼자 거실 소파에 앉아서 아무것도 할 게 없을 때	성기를 만진다.	성적인 쾌감을 느낀다.

사전 대응책 연구	바람직한 행동	강화 방법
• 문제행동 일어나지 않게 하기 ✔ • 바람직한 행동 하기 ✔	• 지시 따르기 기술 ✔ • 의사소통 기술 • 여가 활동 기술 • 기타 ✔	• 칭찬 ✔ • 보상 • 좋아하는 활동 ✔ • 토큰경제 • 기타
* 여가 활동 카드를 제시하고 선택할 수 있도록 한다. (카드 중에 '자기 방에 간다' 카드도 넣어둔다)	① 여가 활동 카드를 선택하고 여가 활동을 한다. ② '자기 방' 카드를 선택했을 때 자기 방으로 간다.	* 지시대로 수행하면 칭찬한다 * 좋아하는 여가 활동을 하게 해준다.

그래도 문제행동을 하면

문제행동 대응법
• 과제 성공하도록 도움 ✔
• 침착해지도록 도움

만져도 되는 장소를 카드로 보여주고 자기 방으로 가도록 유도한다.

성
문
제

Q 39 아이의 과도한 신체 접촉이 걱정이에요

> 지적장애가 있는 초등학교 1학년 남자아이입니다. 엄마인 저를 꼭 껴안거나 가슴을 만지곤 합니다. 아직 어려서 괜찮지만, 이대로 더 크면 어떡하지 하는 마음에 불안합니다.

껴안는 행동이 불특정의 여성으로까지 발전되는 게 염려스럽다면,
'다른 사람과는 악수만 할 수 있어'처럼 구체적인 규칙을 정해놓는다

39 신체 접촉의 구체적인 규칙을 정해둔다

아이가 신뢰할 수 있는 타인과의 스킨십을 요구하는 것은 극히 자연스러운 일이다. 특히 타인에 대한 관심이 적은 아이라면 다른 사람과의 스킨십은 상호작용을 하고자 하는 행동으로 오히려 바람직한 사회성 발달이라고 볼 수도 있다.

하지만 현재 국내 문화를 생각하면 부모와 자식 사이라도 연령에 맞는 신체 접촉을 할 수 있도록 단계적으로 '가벼운 스킨십' 또는 '스킨십을 동반하지 않는 상호작용'으로 바꾸는 것이 바람직하다.

엄마를 껴안는 행동이 불특정의 여성으로까지 발전될 것이라고 단정할 수는 없다. 염려가 된다면, 사람과의 적절한 거리를 유지하는 법을 가르치고 '다른 사람과는 악수만 할 수 있어'처럼 규칙을 구체적으로 정해놓는 것이 좋다. 아이가 이해하기 쉽도록 규칙을 정하고, 그것을 지킬 수 있으면 적극 칭찬한다.

 ABC 분석으로 문제행동 객관화하기

신체 접촉의 직접적인 계기는 대상이 되는 사람이 존재하는 것이다. 간접적인 요인으로는 주목받지 않는 상황이 계속되거나, 할 일이 없이 따분할 때, 불안감이 높아질 때 등을 들 수 있다. 또 신체 접촉은 그것으로 얻어지는 심리적인 안정이나 타인의 관심, 또는 불쾌한 것이나 불안한 것으로부터의 회피 등에 따라 유지될 것으로 생각된다.

성
문
제

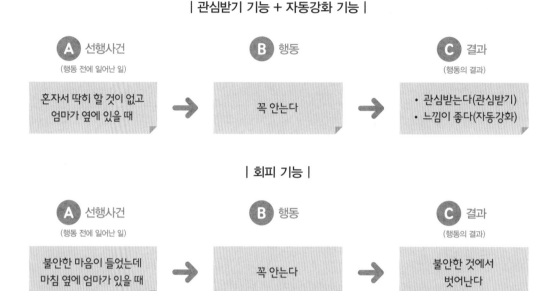

| 관심받기 기능 + 자동강화 기능 |

A 선행사건
(행동 전에 일어난 일)

혼자서 딱히 할 것이 없고 엄마가 옆에 있을 때

B 행동

꼭 안는다

C 결과
(행동의 결과)

• 관심받는다(관심받기)
• 느낌이 좋다(자동강화)

| 회피 기능 |

A 선행사건
(행동 전에 일어난 일)

불안한 마음이 들었는데 마침 옆에 엄마가 있을 때

B 행동

꼭 안는다

C 결과
(행동의 결과)

불안한 것에서 벗어난다

Step 2 바람직한 행동 정하기

이 사례의 경우 바람직한 행동으로 유도하는 방법은, 예를 들면 '찰싹 달라붙기' → '껴안기' → '가볍게 등 토닥이기' → '악수하기' → '하이파이브 하기' → '대화로만 상호작용하기'처럼 아이의 실제 연령에 따라 신체 접촉의 범위와 빈도, 시간을 줄여가는 것이다. 또한 사춘기, 청년기를 대비해 일찍부터 스몰 스텝으로 신체 접촉의 범위를 좁게, 빈도도 적게 하도록 한다. 이때 '상호작용 자체가 줄어들지는 않도록' 주의해야 한다.

아이의 장애 정도에 따라 다르겠지만, 대화나 게임 등 신체 접촉을 동반하지 않는 상호작용 레퍼토리를 늘리는 것도 좋다. 아이와 함께 즐거운 시간을 보내면서 연령에 상응하는 상호작용으로 옮겨간다. 또 놀이뿐 아니라 심부름을 하거나 혼자서 즐길 수 있는 여가 활동 기술을 지도하는 것도 연령이 높아짐에 따라 필요하다.

| 바람직한 신체 접촉으로 가는 6단계 |

1 단계 찰싹 달라붙기

2 단계 껴안기

3 단계 가볍게 등 토닥이기

4 단계 악수하기

5 단계 하이파이브 하기

6 단계 대화로만 상호작용하기

성
문
제

Step 3 사전 대응책 연구하기

| 과도한 신체 접촉 줄이는 방법 3가지 |

① 신체 접촉에 관한 규칙을 구체적으로 설정하고 아이와 약속한다. 약속을 지키면 바로 칭찬한다.

② 스몰 스텝으로 신체 접촉의 범위를 줄이는 것은 일찍부터 준비하는 것이 좋다. 'ㅇ세가 되면 껴안지 않고 악수만 한다', 'ㅇ세가 되면 하이파이브만 한다'처럼 자꾸 이야기해준다. 기회가 있을 때마다 그 연령에 따른 목표를 반복해서 전하고, 아이가 앞일을 내다볼 수 있도록 해준다.

③ 신체 접촉 대신에 심부름이나 혼자서 노는 것을 유도하기 위해 심부름을 하루 일과표에 추가하고, 여가 활동의 종류를 카드로 제시해서 선택하는 것도 좋다.

Step 4 이미 한 문제행동에 대응하기

아이가 껴안는 것에 부모가 과한 반응을 보이면, 그 반응 자체가 강화제가 될 수 있다. 관심을 받는 기능이 강화되는 것을 방지하려면 조금 차갑고 위선적으로 거부하는 것도 필요하다. 아이가 정해놓은 약속을 떠올릴 수 있도록 "ㅇ살이니까 ○○은 하지 않아요"라고 말하고 슬쩍 대체할 수 있는 스킨십으로 유도한다.

전략 시트 : 아이의 과도한 신체 접촉이 걱정이에요

A : 선행사건
(행동 전에 일어난 일)

언제, 어디서, 누구와,
무엇을 할 때?
(행동이 나타나지 않을 때는 빨
간색으로 기입)

혼자서 딱히 할 것이 없고
엄마가 옆에 있을 때

B : 행동

구체적으로 기입하기

꼭 안는다.

C : 결과
(행동의 결과)

* 요구   · 관심받기 ✔
* 회피
* 자동강화 ✔   · 기타

* 관심받는다.
* 느낌이 좋다.
* 불안에서 벗어난다.

사전 대응책 연구

* 문제행동 일어나지
  않게 하기 ✔
* 바람직한 행동 하기 ✔

* 혼자 놀 수 있는 여가 활동
  카드를 제시하고 선택하게
  한다.
* 집안일을 도울 수 있도록 유도
  하거나 일과표에 추가한다.
* 안으려 할 때 가볍게 제지
  하고 악수나 등을 쓰다듬는
  스킨십으로 유도한다.

바람직한 행동

* 지시 따르기 기술 ✔
* 의사소통 기술
* 여가 활동 기술 ✔ · 기타 ✔

① 여가 활동 카드를 선택해
　서 하게 한다.
② 집안일을 돕는다.
③ '등을 쓰다듬기(지시 따르
　기)'를 한다.

강화 방법

* 칭찬 ✔   · 보상
* 좋아하는 활동 ✔
* 토큰경제   · 기타

* 말로 칭찬해준다.
* 좋아하는 활동을 하게 한다.
* 주목이나 감각

문제행동 대응법

* 과제 성공하도록 도움 ✔
* 침착해지도록 도움

* 냉담하고 위선적으로 거부
  한다.
* 여가 활동 카드를 보여주면
  서 선택하게 한다

그래도
문제행동을 하면

'집에서 하는' 시리즈도 벌써 네 권째를 맞았다. 그중에서도 이 책은 지금까지의 어떤 책보다 많은 시간과 노력이 들었고, 여러 번 원고를 수정하는 등 공동 집필 선생들과 편집자 분들을 힘들게 했다. 이 자리를 빌려 진심으로 감사의 마음과 사과를 전한다.

탈고하면서 가장 고민했던 것은 문제행동을 다룬 이 책이 '집에서 하는' 시리즈라는 것이다. 이 시리즈는 가장 먼저 부모가 집에서 대응하는 것을 전제로 했다.

　문제행동에 대응하려면 매우 체계적이면서 점진적으로, 그러면서 섬세하게 접근해야 한다. 과도하게 억제된 대응은 학대로 이어질 위험이 크다. 반면에 과도한 수용적 대응은 행동의 심각화를 초래할 수 있다.

　여기에서는 '집에서 하는' 방법의 안전성을 생각해 문제행동이 이미 일어났을 때의 대응, 즉 소거나 타임-아웃 같은 억제적인 대응은 일부러 기재하지 않았다. 대신 문제행동이 일어나지 않도록 미리 '사전 대응책 연구'를 실시하고, '대체할 수 있는 바람직한 행동'을 가르치고, 그 행동을 칭찬해주면서 문제행동을 바꾸고 개선해가는 방법을 선택했다. 이 방법은 매우 돌아가는 길처럼 보일 수 있지만, 집이나 학교에서도 행할 수 있는 가장 안전한 방법이다.

이 책은 '문제행동'은 무엇인가라는 질문에서 시작한다. 사람들과 다르게 행동하는 것 전체가 '문제행동'이 아니고, 그러한 행동 중 몇 가지는 부모만이 '문제다'라고 느끼는 행동일 수 있다는 것을 알려주기 위해서다.

　일반 아이들과 다른 행동을 하는 아이에게 부정적인 감정을 갖는 것은 부모로서는 자연스러운 일이다. 하지만 그 행동을 단순히 그만두게 하기 전에 '아이가 왜 그런 행동을 하는가'를 먼저 아는 것이 아이를 이해하고 큰 탈 없이 문제행동을 올바르게 지도하는 길이다.

　여기서 소개하는 ABC 분석은 그 길로 안내하는 지도다. 아이가 무엇을 하고 싶은지 표현하는 것을 ABC 분석으로 알 수 있다.

하지만 ABC 분석으로 관찰한 것만으로는 단순한 예상에 불과하다. 'B: 행동'을 구체적으로 기록하고, A와 C를 바꿔가며 기록을 지속했을 때 비로소 그 행동의 기능과 지속 요인을 파악할 수 있다. 생활 속에서 행동을 기록하는 것은 정말 중요한 작업이다. 그렇다고 온종일 기록하라는 것은 절대 아니다. 특정 시간을 정해두고 그 행동이 일어났는지 일어나지 않았는지를 기록만 해도 좋다. 반드시 기록하면서 ABC 분석을 함께 진행한다.

이 책은 'Q&A' 형식으로 문제행동 수십 가지의 대응법을 소개하고 있다. 대응 사례가 독자 분 아이의 문제행동과 같다고 생각할 수도 있겠지만, 대부분은 이 책에서 소개한 절차를 조금씩 변형해야 할 것이다.

어떤 방식이 효과적인 대응법인지는 각각의 행동이 어떤 기능을 갖는지 파악한 뒤에 환경을 바꾸고, 기록하면서 스무고개처럼 하나씩 시행해보는 것밖에는 방법이 없다.

① 의사소통 행동, ② 여가 활동 ③ 지시 따르기 행동 혹은 스스로 차분해지기 등 3가지 자기 통제 행동이 문제 개선의 열쇠지만, 이 중에서도 가장 중요한 것은 아이 스스로 즐거움을 느낄 수 있도록 활동의 영역을 넓히는 것이다.

아이가 즐길 수 있는 행동이 하나밖에 없고, 어떻게 손을 써도 그 행동만 계속하려 한다면 아마 주변에서 '집착'이라고 부를 것이다. 하지만 그런 행동을 2개, 3개로 늘려간다면 충분히 '좋은 여가 활동'이 될 수 있다. 아이가 하고 싶은 활동을 찾고 부모와 공유하며 그 즐거움을 표현할 수 있게 된다면 분명 타인과의 의사소통 기술도 점차 나아질 것이다.

이노우에 마사히코

이 책《금지하지 않고 행동 수정하는 ABA 육아법》은 저자 이노우에 마사히코 교수의 ABA 시리즈 중 하나다. 내가 국내에 가장 선보이고 싶었던 이 책은 부모들이 가장 많이 걱정하고 어려워하는 문제행동에 대해 다루고 있다. 그동안 ABA가 국내에 정말 많이 알려졌다. 하지만 안타깝게도 전국적으로 ABA를 전문으로 하는 센터는 여전히 부족한 상태다. 그러다 보니 ABA를 공부하여 가정에서 아이를 직접 지도하는 부모들이 늘어나고 있다. 다행히 부모를 위한 ABA 책이 시중에 여러 권 나와 있어서 마음만 먹으면 집에서도 아이들이 힘들어하거나 잘 못하는 과제들을 지도할 수 있다. 보상과 스몰 스텝을 통해 아이들이 어려워하는 과제들을 힘들지 않게 긍정적인 방향으로 발전해갈 수 있다.

하지만 문제행동을 ABA 방식으로 접근하는 책은 없었다. 이노우에 마사히코 교수의 책 중에서 이번 책을 가장 선보이고 싶었던 것도 그런 이유다. 의외로 아이가 문제행동을 일으켰을 때 어떻게 대응해야 할지 막막해하는 부모가 많다. 그만큼 아이의 부족한 영역을 채워주는 교육도 중요하지만 정작 함께 생활하면서 더 힘든 것이 문제행동이기 때문이다. 더구나 이 책은 온전히 아이를 이해하는 데 집중하고 있다.

ABA 센터를 운영하면서 많은 부모와 상담한다. 상담 중에는 아이의 발달이 느린 것도 걱정이지만 그보다는 과잉행동, 충동성, 자해나 공격적인 행동 등을 어떻게 대처해야 할지 몰라 고민하는 경우가 다수를 차지한다. 아무래도 일반 아동과는 다르게 보이는 행동 때문에 더 신경 쓰는 부분도 있을 것이다.

하지만 부모가 문제행동에 대처하기 어려운 가장 큰 원인은 행동 자체에만 초점을 맞춰서 무작정 줄이거나 금지하는 것이다. 아이의 문제행동을 줄이기 위해서 가장 먼저 해야 할 일은 아이가 "왜?" 그 행동을 하는지 파악하는 것이다. 이 책은 이 부분을 알기 쉽게 잘 설명하고 있다.

ABA에서는 아이가 그냥 하는 행동은 없다고 여긴다. 그래서 문제행동이 일어난 앞뒤 상황을 관찰하고 분석하며 그 행동이 가지는 기능을 찾아 그에 대응하는 방법을 다방면으로 연구한다. 대표적인 대응 방법은 행동이 일어나기 전의 환경을 바꾸는 것과 행동이 일어난 뒤에 따라오는 결과를 바꿔보는 것이다. 둘 중에 더 바람직하고 긍정적인 방법은 전자다. 이미 병이 난 뒤에 병원에 가서 수술을 받는 것보다, 미리 식단을 조절하고 운동하는 것이 나은 것처럼 말이다. 그리고 후자를 바꾸는 가장 이상적인 방법은 문제행동이 가지는 기능을 잘 파악하여, 같은 기능을 가진 바람직한 행동으로 대체하도록 가르치는 것이다.

이러한 방법을 잘 실천할 수 있도록 저자가 만든 것이 바로 '전략 시트'다. PART IV에 전략 시트를 활용한 사례가 다수 실려 있다. 이 책에 실린 예시들이 아이에게 딱 맞게 적용되면 좋겠지만, 아마도 아이 상황에 맞춰서 새롭게 작성해야 할 것이다. 소개하는 내용이 간단하고 쉬워 보일 수 있어도 막상 실제로 적용하면 어려울 것이다. 그만큼 자주 써보면서 익혀야 한다.

전략 시트를 잘 활용하려면 반드시 두 가지를 잘 지켜야 한다. 먼저 첫 번째는 아이의 주변 사람들과 공유하는 것이다. 처음에는 쑥스럽고 이런 일로 굳이 가족회의까지 하는 게 내키지 않을 것이다. 하지만 어른들이 모여서 아이의 행동에 대해 서로 의견을 주고받으며 함께 전략 시트를 작성하는 것만으로도 엄청난 효과를 가져온다. 바로 대처 방법의 시작이기 때문이다. '한 아이를 키우려면 온 마을이 필요하다'라는 아프리카 속담처럼 아이들도 한 사회의 구성원으로서 자립해서 생활하려면 많은 사람의 관심과 도움이 필요하다. 따라서 최우선으로 가까운 가족, 유치원이나 학교 선생, 지역 커뮤니티 사람들로 차차 확대하면서 아이의 문제행동에 대해 공통된 이해관계를 갖고 함께 발맞춰 대응해나가야 한다.

두 번째는 문제행동에 대한 우선순위다. 책을 다 읽고 난 뒤에 행동중재를 해야 할 행동들을 적다 보면 무엇을 어떻게 시작하면 좋을지 혼란이 올 수 있다. 중재해야 할 행동들이 많이 있겠지만, 한꺼번에 하려고 하면 문제는 더 커지고, 어디서 어떤 행동이 강화되는지 더 파악하기 어려워질 수 있다. 단순히 부모 입장에서 보기 싫은 행동이라고 해서 우선하기보다는, PART Ⅱ를 숙지해 긴급하게 중재해야 할 행동, 중재하기 쉬운 행동, 더 커지기 전에 미리 중재해야 할 행동등의 우선순위를 정하는 것이 좋다. 그런 점에서 나는 그동안 출간된 부모를 위한 ABA 책보다 이번 책이 더 부모들에게 필요하다고 생각한다.

전략 시트를 막상 실생활에 적용하다 보면 단순히 DTT 과제 실행보다 문제행동 중재가 훨씬 더 어렵다는 것이 느껴질 것이다. 사전에 생각해봐야 할 것도 많고, 섣불리 행동으로 옮겼다가 문제행동의 강도나 빈도를 더 높일 우려도 있어서다. 그만큼 ABA에 대한 이해도를 높여서 신중히 접근해야 한다. 여기서 무리하면 상황이 더 악화하므로, 힘든 상황에 부닥치면 반드시 전문 기관의 도움을 받으며 함께 해결해나가기를 권한다.

아이의 긍정적인 행동을 위해 부모가 먼저 변화하고 꾸준히 접근하다 보면 어느 순간 문제행동은 줄어들고 바람직한 행동을 많이 하는 아이를 발견하게 될 것이다.

민정윤
국제행동분석가(BCBA)
즐거운 ABA아동발달연구소장

행동분석전문가가 Q&A로 알려주는 문제행동 중재 방법

금지하지 않고 행동 수정하는 ABA 육아법

초판 1쇄 발행 2020년 12월 10일
초판 6쇄 발행 2024년 6월 1일

편　저 이노우에 마사히코 외
감　수 홍이레
옮긴이 민정윤
그린이 조성헌
펴낸이 박지원
펴낸곳 도서출판 마음책방

출판등록 2018년 9월 3일 제2019-000031호
주　소 경기도 김포시 김포한강8로 410, 10층 1001-76호
대표전화 02-6951-2927
대표팩스 0303-3445-3356
이메일 maeumbooks@naver.com

ISBN 979-11-90888-12-7 13590

한국어판 ⓒ 도서출판 마음책방, 2020